Gennady Kriveckov

Integrated view of evolution of the person

Edition third, modifed

2017 г.

© 2017 – author Gennady Kriveckov

ISBN-13: 978-1545132876

ISBN-10: 1545132879

All rights reserved. No part of this publication may be reproduced or transmitted in any form or by any means electronic or mechanical, including photocopy, recording, or any information storage and retrieval system, without permission in writing from both the copyright owner and the publisher.

Requests for permission to make copies of any part of this work should be e-mailed to: **genivan@mail.ru**

The original layout belong to the author.

Cover: M. Bobkova, G. Kriveckov

The text retains author's spelling and punctuation.

About the author: author Gennady Kriveckov has the degree of doctor of sciences (honoris causa) from the International Academy of natural history. Author's site: **www.kriveckov.com**

About the book: in the twentieth century new global evolutionary discovery was made. It is described in this book and allowed to claim that our civilization passed return border to repeated cycles of evolution. Now for it new evolutionary way opened. It was not earlier. It to stretch already today from the ordinary person to the supramentalny person of the world Overmind who on two orders exceeds modern mind. It did not manage to make all previous civilizations and therefore all of them completely disappeared. The opening described in the book and regularities of evolution allowed to prove the validity and reality of new transition from different positions and different sources of knowledge. It any more not simply theoretical opening. It is already partially confirmed with real practice in India. Here the first supramentalny person began to arise in our civilization. The Supramentalny look is a new evolutionary reality, but not just mysticism or a fantasy. Already yesterday, in the twentieth century, there came the era of a new evolutionary adventure of a civilization, attracting it in future existence at higher level of reason about which we know little.

Геннадий Кривецков

Интегральный взгляд на эволюцию человека

Издание третье, доработанное

2017 г.

© 2017 – автор Геннадий Кривецков

Все права защищены. Никакая часть этой публикации не может быть воспроизведена или передана в какой-либо форме или каким-либо образом электронным или механическим способом, включая фотокопирование, запись или любую систему хранения и извлечения информации без письменного разрешения со стороны владельца авторских прав и издателя.

Запросы о разрешении на изготовление копий любой части этой работы следует направлять по электронной почте: **genivan@mail.ru**

Оригинал-макет: Г. Кривецков

Обложка: М. Бобкова, Г. Кривецков

В тексте сохранены авторские орфография и пунктуация.

Об авторе: автор книги Геннадий Кривецков имеет степень Почётного доктора наук Российской Академии Естествознания. Сайт автора: **www.kriveckov.com**

О книге: в двадцатом веке было сделано новое глобальное эволюционное открытие, которое описано в этой книге. Оно позволило утверждать, что наша цивилизация прошла границу возврата к повторным циклам эволюции. Теперь для неё открылся совершенно новый эволюционный путь, которого ранее не было. Он уже сегодня простираться от обычного человека к супраментальному человеку мира Сверхразума, который на два порядка превышает современный разум. Этого не сумели сделать все предыдущие цивилизации и поэтому они все бесследно исчезли. Описанные в книге закономерности эволюции позволили доказать истинность и реальность нового перехода с разных позиций и разных источников знаний. И это уже не просто теоретическое открытие. Оно уже частично подтверждено реальной практикой в Индии, где и стал в нашей цивилизации зарождаться первый супраментальный человек. Супраментальный вид – это новая эволюционная реальность, а не просто какая-то там мистика или фантастика. Уже вчера, в двадцатом веке, наступила эра нового эволюционного приключения цивилизации, влекущее её в будущее существование на более высоком уровне разума, о котором мы мало что знаем.

Оглавление

Предисловие 7
Глава 1. «Картина-версия» эволюции по «Книге Бытие» 17
   Источник и двигатель эволюции *19*
   Возможное начало. *22*
   «День» первый *28*
   Следующие «дни» *35*
   Начало «седьмого дня» *41*
   Обретение разума *47*
   Эволюция плотности материи *52*
Глава 2. Что мы вкладываем в понятие жизни? 57
   Глобальная цель жизни *57*
   Законы инволюции Духа и эволюции Материи *62*
   Реакция Материи на инволюцию Духа *68*
   «Истинный Человек» *73*
   Эгоистичное «я» человека, как эволюционная необходимость *77*
Глава 3. Компоненты эволюции и инволюции 82
   Божественный Свет Духа *83*
   Сила-Сознание Света *86*
   «Молекула ДНК» Трансцендента *92*
   Бессознательная Материя *98*
   Силы фотонов Материи. *105*
Глава 4. Ведическое дополнение «картины-версии» 111
   Новые задачи исследования эволюции *112*
   Ведические циклы эволюции *114*
   Плазменный цикл Сатья-Юга *118*
   Растительный цикл Трета-Юга *127*
   Животный цикл Двапири-Юга *131*
   Ментальный цикл Кали-Юга *134*
   Принципы развития процессов эволюции *137*
Глава 5. Квантовое дополнение «картины-версии» 144
   Протяжённость циклов *144*
   Десять этапов фотона Света *147*
   Десять ступеней материальных форм. *153*
Глава 6. Эволюция частиц и миров 158
   Точечно-линейный цикл *159*
   Плоскостные формы *163*

Ступени элементов и уровни эволюции. *170*
Объёмная цивилизация. *177*
Сверхобъёмная цивилизация. *180*

Глава 7. Эволюция разумов цивилизаций. 185
Физический разум газообразных форм. *186*
Витальный разум животных форм. *192*
Сотворение разумного человека по Книге. *196*
Сказочное появление разумного человека. *200*
Развитие ментального разума человека *210*

Глава 8. Какая цивилизация будет следующей? 216
Каким должен стать совершенный человек? *216*
Круговорот Совершенства через Любовь. *222*
Внутренний «источник» Стремления. *227*
Эволюционный «механизм» нашей Души. *231*
Подгонка структур материальной формы. *237*
Освобождение мира или конец цивилизации *243*
Как бабочка из гусеницы. *252*
Предварительные итоги эволюции. *256*

Глава 9. Последние штрихи единой «картины-версии» 262
Единое тело. *264*
Параллельно-последовательная эволюция видов. *266*
Предопределение или выбор? *269*
Чередование типов эволюционных процессов *272*
Мутация, преобразование или трансформация? *280*
Как стать супраментальным Человеком? *286*
Божественные «мелодии» эволюции *294*
Смена материальных миров и форм *298*
Реальна ли трансформация человека? *302*

Литература: 305

Предисловие

Современный мир для нас всё ещё остаётся загадкой: мы так и не знаем точно от кого мы произошли? Чем глубже мы вникаем в эти знания, тем больше возникает вопросов. Ответов на них, которые бы устроили нас, всё ещё нет. Цивилизация пока так и живёт в неведении о своём истинном происхождении, несмотря на то, что современный человек уже достиг или, во всяком случае, уже достигает пика своего разумного совершенства. Об этом говорит уровень его разума, который вот уже несколько десятков лет, если не более, остаётся прежним, без каких-либо серьёзных изменений. В своём разумном развитии с конца двадцатого столетия вид homo sapiens «топчется» на одном и том же месте.

Обычный разум человека уже не становится более совершенным, а во множестве членов цивилизации даже сильно деградирует, возвращая их на животный уровень существования. Средний уровень разума цивилизации, можно уверенно это утверждать, снижается. Мы уже остановились в своём массовом разумном развитии и даже откатываемся назад. Это указывает нам на то, что, или мы стали не способными далее совершенствоваться, или достигли некоторого порога развития разума, далее которого он нас не пускает?

Но что ещё хуже, что в современной жизни пошло более чёткое разделение цивилизации по уровню развития разума на умных и глупых. Одни из нас становятся всё более разумными, а другие – всё более быстро деградируют. Это можно отнести к новому критерию отбора Природы, который осуществляется по величине уровня разума среди «членов» человеческой цивилизации. Такой критерий отбора необходим ей для перевода нас на новый, более высокий уровень эволюции.

От нового разумного отбора нам никуда не деться. Для него главным критерием является не материальное богатство и благополучие, к которому мы так стремимся сегодня, а уровень совершенства разума человека. Но даже здесь существует ещё более тонкий и более категоричный критерий «внутреннего» отбора: наличие и уровень духовности и открытости Души человека.

Сегодня бóльшую ценность для эволюции составляют люди, обладающие, кроме обычного разума, ещё духовными знаниями и силами. Современные материальные знания могут быть для них только фундаментом и опорой, но не должны довлеть над ними и подавлять их, как это происходит сегодня. Только немногие из нас знают об этих критериях. Вот почему наша цивилизация находится в таком плачевном состоянии: мы не сможем достичь гармонии в жизни без духовной силы.

Мы забыли зачем живём и зачем пришли на Землю. Может настать такое неожиданное время, когда нашу цивилизацию, если мы останемся на прежнем уровне развития, просто удалят с планеты, как не выполнившей своей эволюционной роли. Чтобы это не произошло, нам необходимо добиться полного совершенства в своём разуме и даже пойти далее его. Только тогда, вместо удаления с планеты, для нас подготовят нечто новое, например, новый супраментальный вид [1]. Он уже нам реально дан и нам остаётся или его принять и стать им, или исчезнуть с планеты!

Обычному человеку необходимо, в отношении себя, понять линию будущего эволюционного развития Природы, чтобы продолжить свою эволюцию в указанном ей направлении или исчезнуть. Кроме этого, нам нужно в ней постичь критерии её отбора и разобраться в её скрытых эволюционных «механизмах», процессах и закономерностях. Они помогут нам совершенствоваться далее более быстрыми темпами.

Нам всё ещё трудно представить себе эволюционную истину человека и его скрытую цель присутствия на планете Земля. Нам не совсем ясно наше будущее: куда оно нас поведёт и для чего Природе понадобилась эта разумная эволюция в индивидуальном существе и какую тайную цель она преследует, создавая человеческую цивилизацию миллионы и миллиарды лет?

Истина существования человека до сих пор лежит за гранью наших знаний, но она уже начинает проступать через наш разум. Мы уже имеем множество предположений и гипотез о своём происхождении, но ни одно из них пока не может дать нам большой уверенности в их точности и истинности.

Сегодня уже существуют научные знания, основанные на археологических раскопках и исторических документах, и знания из духовных источников, которые говорят о человеке своими скрытыми символами. Они пока существуют порознь и каждые, сами по себе, не дают нам полной картины, хотя бы, целей эволюции человека.

Полной картины своего происхождения и целей эволюции мы пока не имеем. Отсюда следует, что цель этого исследования, скорее, будет состоять в том, чтобы попытаться их соединить в единое интегральное материально-духовное знание. Может быть тогда мы получим, хотя бы, часть истины своего происхождения через знания о прошлом, настоящем и будущем?

Такие попытки соединения духовных символов и материальных знаний уже существовали в западной науке, но делали их люди-материалисты далёкие от истинной духовности. Они, например, к Библии, к Ведам и другим древним духовным знаниям подходили со своих материальных позиций, искажая истинный смысл их духовных символов. Но они, всё равно, значительно приблизили нас к истине эволюции, но полной её картины так и не дали.

Ещё хуже дело обстоит со знаниями об обычной жизни. Она до сих пор управляет нами по неизвестным нам законам. Жизнь также постоянно ускользает от нас, находясь за той же гранью знаний. Она никак не поддаётся нашему разуму. Все попытки материальной науки понять истину жизни пока потерпели поражение. Они дают множество частных пониманий некоторых жизненных процессов, но не дают нам целого, не дают нам полной истины о нашем предназначении и цели жизни, которая бы устроила нас.

Все современные гипотезы мироздания, принятые учёными, – такие же эфемерные. Мы так же не знаем истины происхождения вселенной, галактики, солнечной системы и их назначение. Естественно, гипотезы построения мира не могут быть подтверждены какими-либо точными материальными знаниями или моделями, которые бы позволили нам сказать, что мы в этом исследовании идём правильным путём. Нам не удаётся найти те формулы мироздания, которые бы дали математическую реальность и формульную точность его построения. Но нам, всё же, уже удалось найти сознательные элементарные структуры мироздания, которые его создают [9, 10] и благодаря которым оно существует. Они послужат нам опорой при новой попытке понять процессы и «механизмы» эволюции планеты и человека.

Официальные знания о человеке существуют только материального характера. Человеческое тело материальная наука уже давно разложила на атомы, но никак не может найти в нём обычную человеческую Душу. Ну, нет её в нашем теле, как ни ищи! Поэтому она является мистической для материалистов от науки и не может существовать, хотя отрицать её никак не получается. Но где-то ведь она существует?

Делая хирургические операции на нашем теле, врачи не нашли в нём никакой Души. Но мы-то что-то чувствуем внутри себя, что-то там иногда «шевелиться и стонет», когда что-то у нас происходит не так. Учёные даже пытались взвесить нечто, покидающее нас в момент смерти, когда оно вроде бы отделяется от тела. Они даже сумели определить вес этого нечто, который был величиной всего в несколько граммов. Но что они взвешивали на самом деле и было ли это нечто Душою?

Только Душа не имеет в себе ни времени, ни пространства, а значит – ни материи, ни энергии, т.е. она не имеет в себе никакого веса и нашему миру не принадлежит [11]. Так, что же тогда они взвешивали? Скорее всего, это было разумное тело человека, принадлежащее миру Времени, которое в момент смерти отделилось от материального тела мира Пространства [11] и оставило его, переходя в тот мир. Оно, действительно, обладает энергией и тонкой материей, которую они и взвесили.

Разум человека – категория нематериальная, но отрицать его – это значит отрицать самого человека, который обладает умом, это значит отрицать самих себя. Наука принимает наш мистический разум, создавая под него «абстрактные» науки: философию, психологию и им подобные, которые что-то там описывают своими непонятными для остальных людей терминами, но и они ещё очень далеко находятся от истины человека. До сих пор нет знаний о том, откуда приходят мысли, желания, чувства, где они возникают и как работают с человеком и в человеке? Истина человека находится где-то рядом, но почему-то постоянно ускользает от нашего разума.

Своё истинное тайное предназначение мы пока только-только смутно угадываем, проживая долгую жизнь, и вспоминая об этом только в её конце. Мы в своей старости только-только начинаем определяться в том, а зачем же мы пришли на Землю и с какой целью прожили свою жизнь? Жизнь уже заканчивается, а мы только созреваем для её мудрости. Энергичная молодость оставляет эти вопросы без внимания: ей и так хорошо!

Так, может быть, мы не будем ждать старости, чтобы начать задавать вопросы о своём предназначении и как его исполнить? Может быть, уже сейчас спросим себя о том, а зачем же мы родились на этой прекрасной планете с такой отвратительной жизнью, полной горя и страданий? Может быть, нам уже вплотную пора заняться изучением основ нашей жизни и вычистить из неё ложь, горе, страдания, войны и даже саму смерть?

Для ответа на вопрос о своём предназначении нам действительно необходимо понять принципы нашей эволюции, её возможности, процессы и законы, построить «кривые» её закономерностей и только на этом, новом основании, попытаться понять своё будущее, а из него понять тайный смысл своего существования.

Нам тогда придётся отбросить всякую научную предвзятость о нашем прошлом, рассмотреть настоящее с позиции стороннего наблюдателя и далее, с позиции полученных знаний, представляющих общие закономерности эволюции человека, уже рассмотреть своё будущее. Тем более, что нас Природа уже серьёзно подталкивают к чему-то новому в нашей жизни и в мире.

Природа, очевидно, слишком долго готовилась к новому этапу эволюции и уже скрыто для нас подготовила к нему свой переход. Не потому ли нам сегодня так плохо и наш разум тупеет? Материальное образование «сыпется», как ненужный эволюции процесс. А как ещё может быть? Только она одна может отбросить ненужные «механизмы» и процессы, которые для неё устарели, но за которые мы сильно, по своей привычке, цепляемся. Это она от них освобождается, освобождая разум людей для чего-то нового.

Скорее всего, это будет переход к духовному образованию, где материальная часть уже не будет так над ним довлеть. Только оно никак не связано с религиями. Духовность имеет отношение к миру Времени и его энергиям, в отличие от нашего обычного мира Пространства и материи. Это два тождественных, но зеркально противоположных мира. Нам для дальнейшего совершенства разума нужно из материального мира Пространства, где мы уже достигли его предела, перейти в мир Времени, где он у нас ещё не развит. Чем быстрее мы это поймём, тем быстрее перестроимся.

Весь мир, готовясь к такому переходу, уже «закипает» и погряз в страданиях, войнах и катастрофах. Его энергетика возрастает и это становиться очевидным: добро добреет, а зло становится злее. Все события мирового уровня, вся ложь, горе, страдания и войны становятся всё более сильными, контрастными и мощными. Рост энергетики мира ведёт нас к более энергетически могущественному будущему.

Всё это говорит о нечто скрытом и тайно приближающимся к нам, энергетически более сильным, чем наш мир. Это мы сможем полностью понять только тогда, когда оно само проявит себя, что может оказаться для нашей цивилизации неожиданностью и привести к её апокалипсису. Нам нужно успеть вовремя перестроиться. Это нам поможет уцелеть и избежать природных и индивидуальных катаклизмов и войн.

Выдержит ли этот подъём энергетики мира человек? Если выдержит, то тогда он должен будет сам стать обладателем повышенной энергетики. Он должен будет успеть в этом процессе за планетой. Но мы всё ещё слабы и наше органическое тело не выдерживает даже энергетически малой дозы радиации.

В своём современном энергетическом состоянии человек и всё живое на планете при повышении её энергетики обречено на вымирание. Как нам быть? Но зачем тогда нас миллионы лет совершенствовали? Значит возможен вариант нашего перехода в новый мир на новый уровень энергетики с возможностью обретения новой, энергетически более сильной и стойкой, структуры тела. Такой структурный переход должна будет осуществить и сама планета.

На планете уже сегодня появляются всё большее количество детей, которых можно назвать гениями, – это дети-индиго, дети-кристаллы. Их аура и её форма, соответственно, имеет цвет индиго и структуру кристалла, чего не имеет обычный человек. Цвет индиго говорит о наличии в разуме этих детей нечто нового, чего ранее в разуме человека не было. Кристаллическая форма ауры показывает нам направление развития новой структуры будущего существа. Естественно, их разумный индекс IQ значительно превышает уровень разума обычного человека. Получается, что некто уже проводит свои эксперименты на планете и людях по переходу в новый вид. Это уже нам пора признать.

Тогда получается, что мы прозевали приход этого нового нечто в наш мир? Возможно, что дети-индиго – это действительно необычные дети, которых в нашем прошлом мире не было, которые массово стали появляться только в конце двадцатого столетия. Тогда, чьи же это дети, каких родителей? К тому же их количество на планете постоянно растёт, а это говорит нам уже не о случайности явления, а о некоторой его закономерности. Не говорит ли нам этот факт о том, что уже на планете возникает следующий за человеком новый, пока ещё переходной вид, который мы прозевали?

Эволюция цивилизации ещё не закончилась и продолжается. Она не может стоять на месте и окончиться на обычном человеке. Нам её, как бы мы этого не хотели, не остановить. Природа не даст нам возможности находиться в достигнутом состоянии покое и статике – это будет равносильно смерти цивилизации. Она будет нас перемалывать и переделывать до тех пор, пока из несовершенного человека не сделает, предположим, какое-то новое совершенное сверхразумное существо [1], как будущий идеал эволюции. Времени для определения своих эволюционных действий у нас осталось не так много. Нам необходимо успеть провести исследование процесса человеческой эволюции и быстрее определиться в нём относительно будущего вида, который должен следовать за человеком.

У индийского мыслителя Шри Ауробиндо [1], который одним из первых не только указал на приход нового сверхразумного вида и мира, но и сам физически участвовал в его формировании, есть афоризм [8], который говорит о том, что основа всего сущего – есть разум, что всем в мире разум управляет, из разума всё происходит: «Разум был нам подмогою (в начале разумной эволюции), теперь разум стал нам обузою (в конце разумной эволюции)». Обычный материальный разум сегодня уже стопорит наше индивидуальное совершенство. Он не просто стал нас останавливать, а уже напрямую препятствует переходу в новый вид, чтобы самому продолжать править на планете.

Все мировые войны, катастрофы, страдания, горе исходят от него. Он «месит» нашу цивилизацию снова и снова, заставляя нас вращаться по одному и тому же кругу: первая мировая война; вторая мировая война; третья мировая война; …, чтобы мы не думали более ни о чём другом. Это не что иное, как оттягивание времени перехода, что может привести неподготовленное человечество, когда произойдёт эволюционный «час пик», к катастрофе и гибели.

Корни тайн эволюции нам нужно искать в нашем разуме. Для этого нам надо попытаться понять разумное направление эволюции и вычислить то, каким образом развивался разум на планете. Только разум категория не пространственная и нашим законом не подвластен. Археологические раскопки тут нам мало что дадут. Для его изучения нам придётся интегрально использовать материальные и духовные знания, иначе нам этого не понять. Нам нужно сделать попытку понимания единства совершенствований разумных процессов вселенной, Земли и человека. Мы должны будем рассмотреть все эволюционные процессы планеты относительно развития разума неживых и живых существ и их и его эволюции.

Тайна нашего существования ждёт своего раскрытия. Мир действительно подошёл к такой черте, за которой он станет другим. Человек должен измениться вместе с планетой или его ждёт энергетическая гибель: будет тогда «гореть в библейском Огне». Только из-за своего собственного неведения мы можем оказаться не готовыми к такому переходному процессу, а тот может больно ударить по нам, ибо наступит неожиданно для нас, как и предупреждает Библия.

Нам надо найти ответы на все поставленные здесь вопросы и попытаться понять, действительно ли это возможно и реально изменить себя и весь мир и стать новым видом в каскаде эволюционирующих видов нашей Природы: минералов, растений, животных, людей, …?

Какой вид будет следующим?

Какой разум и тело будет соответствовать новому виду?

Эволюция обязательно приведёт нас к следующему этапу с новым видом и типом разума, хотим мы этого или не хотим. Каким будет это следующий вид, это нам ещё предстоит вычислить и описать.

Глава 1. «Картина-версия» эволюции по «Книге Бытие»

Прежде, чем начать новые «раскопки» и поиски тайн происхождения человека, нам необходимо сначала нарисовать любую возможную «картину-версию» развития эволюции человечества. Эту первоначальную «картину-версию» мы составим из первой Моисеевой Книги «Бытие» (далее Книга). Её символы мы дополним результатами нового исследования «Единой теории мироздания» [9]. Эти новые основы и структуры мироздания помогут нам более полно понять духовные символы Книги.

Эволюция в этих источниках знаний тесно переплетается со структурой кванта света, его квантовыми законами и процессами. Они оказываются полностью тождественными. Таким образом, наше исследование возникает не на пустом месте, а на некоторой квантовой основе. Исходя из неё, мы сможем провести более глубокие исследования эволюционного процесса и вычислить стратегию развёртывания эволюции, чтобы понять её конечную цель на современном этапе.

Пусть эта «картина-версия» по своему содержанию будет для нас пока размытой, не совсем полной и не совсем ясной, пусть она будет даже иметь ошибки, но её основной целью будет являться возможность послужить нам отправной точкой для наших размышлений и опорой нашим мыслям. Она должна будет помочь нам понять истину происхождения человека. Для этого нам придётся отказаться от всякой предвзятости в наших рассуждениях и придётся «сокрушить любые устоявшиеся мысли. Пусть новые мысли пробудят свою настоящую активность» в поисках этой тайны.

Итак, через символы Книги и знания о мироздании, мы попытаемся представить себе устройство нашего мира и цель эволюции цивилизации, соединив потусторонний и материальный миры, скажем немного точнее: рассмотрим этот процесс с позиции «одухотворённого материализма» [3]. Нам предстоит рассмотреть эволюцию человека, его жизни и разума с материальной и потусторонней точек зрения, по законам «физики и мистики».

Естественно, нам придётся затронуть «потустороннего» Бога. Без Него мы вряд ли обойдёмся, ведь духовные источники ссылаются на Него, как на Творца вселенной и человека. Мы будем обязаны рассмотреть эту духовную часть теории эволюции. Другого пути для постижения истины у нас нет.

Для исследования истины нашего происхождения мы никакие знания отбрасывать не будем. Даже самое невероятное событие или потустороннее действие, которое может совсем не укладываться в нашей голове, но о котором хотя бы где-нибудь упоминается, не будет отброшено до тех пор, пока мы окончательно не убедимся в его несостоятельности. Поэтому, у нас в тексте, будут часто встречаться такие слова, как возможно, предположительно, может быть и т.п.

Конечно, мы можем только предполагать наличие потусторонних сил и энергий и наблюдать, каким образом они работают или, точнее, как они проявляются в нашем материальном мире, как материализуются? Эти силы пересекаются между собой, складываются и смешиваются, создавая нечто среднее, которое мы называем настоящим.

Теперь нам только остаётся начать описание нашей возможной «картины-версии» эволюции, чтобы определить пути для совершенствования человека к идеалу, которые могут стать полезными знаниями в поиске нашего настоящего и будущего.

Мы начнём свою «картину-версию» эволюции планетарных систем, их миров, цивилизаций и самого человека с «белого листа».

Источник и двигатель эволюции

Для того чтобы начать такое абрисное описание процесса планетарной эволюции, нам надо сначала определить её источник и двигатель. В противном случае, мы можем заблудиться в её таинственных «дебрях», где пока отсутствуют «указатели» направлений поиска. Итак, что же является источником эволюции?

Давайте представим себе самое начало эволюции, когда ещё ничего нет, кроме, естественно, самого источника. Что может являться в некой пустоте источником зарождения жизни? Если там ничего нет, то существует ли сам источник? Если он существует, то пустота не должна быть «пустой». Естественно, «совсем» пустоты быть не может. Это понятие бесконечное, ведь мы подходим к ней со своих материальных позиций. Если рассмотреть духовный аспект пустоты, то он обязательно должен будет иметь её зеркальное отражение в физических свойствах [9]. Из пустоты мы тут же получаем нечто целое и наполненное, но это не будет источником. Это целое уже существует, как отражение пустоты. Источник не должен принадлежать ни пустоте, ни целому. Он должен находиться вне их, без пространства и времени, без материи и энергии.

А что или кто это может быть?

В нашем материальном мире Пространства (целого), как и в духовном мире Времени (пустоты)[1] мы не сможем

---

[1] Материальный мир – это мир Материи и Пространства; духовный мир – это мир Энергии и Времени. Их плоскости расположены

отыскать такой источник. Отсюда возникает вопрос, а что во вне этих миров такое может существовать, что не принадлежит им? Чтобы ответить на него нам придётся уйти от материалистических понятий и здесь мы не находим ничего другого, как утверждать, что обоим этим мирам одновременно принадлежит и не принадлежит только Бог, как мы его называем.

Может ли Он быть источником эволюции?

Библия чётко указывает нам на Него:

«1. В начале сотворил Бог небо и землю.»

Получается, что Бог непосредственно сам начал творить мир. Она ещё нам говорит и о том, что существует мистический «Дух Божий» («семя» Бога, который носился над водою»). Он уже непосредственно сам является источником эволюции самого мира. До «Духа Божьего» материальный мир ассоциировался с «водою», но это только символ, который означает «спящую» Материю. Библия даже описывает её первозданные свойства. Только Бог – это не только «Дух Божий», а также весь тот мир, в котором он «носится». Давайте пока оставим это утверждение, ибо ничего другого о начале сотворения мира мы пока найти не смогли.

Итак, источником эволюции мира, является Бог – допустим это. Но какое отношение Он имеет к человеку? У человека, этого уже нельзя отрицать, есть индивидуальная Душа, которая является по утверждению духовных источников частицей Бога [11] и там даже приводятся её размеры. Без неё мы тут же превратимся в прах. Тогда можно принять, что источником индивидуальной эволюции человека является его Душа, которая находится в постоянном поиске в

в мироздании взаимно-перпендикулярно. Они полностью тождественно-зеркальны относительно друг друга [9]. Пустота возникает только относительно материального мира, с нашей точки зрения. На самом деле это просто другая форма Материи.

каждом из нас. Она старается выйти на поверхность нашего существа и превратить нас в будущий венец эволюции – супраментальный вид человека [1]. Если Душа – это частица Бога, то тогда Он сам является всеми нами и эволюционно двигает всех нас.

Если с источником эволюции мы уже как-то определились, то что будет являться её мировым и индивидуальным двигателем? Двигателем эволюции мы обозначим Природу, которая пытается найти коллективный Дух и индивидуальную Душу в каждой своей материальной форме. В этом поиске Природа двигает свою материальную и структурную эволюцию мира, в которой участвуем и мы, как её индивидуальные разумные материальные формы. Если бы не было Духа и Души, то и Природы бы так же не было. Она продолжала бы оставаться той «спящей водою».

Мы получаем двигателем эволюции с духовной стороны Дух и Душу, а с материальной – Природу и материального человека соответственно. Они не могут существовать друг без друга и являются зеркальным отражением друг друга. Развивающийся разум в Материи – это итог такого поиска, итог этого соединения материального и духовного начал. Он может оказаться «лакмусовой бумажкой» истинности направления эволюции нашей цивилизации. Если наш разум деградирует, то это означает, что Природе в нас что-то не нравится и она готовит для нас что-то новое, какое-то новое структурное изменение, которое должно нас значительно улучшить. Хотя уже запущен эволюционный «механизм» их совместной работы, но кто им управляет?

Природа – это тот же Дух, который материально проявляется в мире. Мы получаем Природу, как Его зеркальное отражение. В духовных источниках Дух и Бог практически равнозначные понятия. Но в нашем описании они получаются у нас немного разными. Мы получаем Дух уже проявленным в мире Времени и наполненным его энергией и частично материализованным, через Природу, в Пространстве. Бога же мы ещё предполагаем, в дополнение к Духу, находящегося и вне миров: Он – и в них, и не в них. Понятие Бога мы имеем более широкое, чем понятие Духа. Здесь двигателем эволюции мы так же можем обозначить и Бога. Он получается у нас Вездесущим!

Давайте подведём некоторый итог: источником эволюции является Бог, а её движущей силой Дух и Природа[2], которые идут друг с другом вместе. С источником и двигателем эволюции мы вроде бы определились и пока оставим такими. Теперь мы можем в своём исследовании идти далее.

Возможное начало.

Для поиска истины при создании «картины-версии» остановим свой взгляд на Книге, с её библейским описанием начала жизни в материальном мире. По нашему взгляду, она более всего подходит нам для первых набросков «картины-версии».

Пусть на это не обижаются другие духовные конфессии, т.к. мы не ставим своей целью сравнивать описание картины происхождения человечества с разных духовных позиций. К тому же, при более близком рассмотрении, они в описании эволюции человека, в основном, сходятся.

Конечно, в «Книге Бытие» все тексты – символичны. Её символы мы можем рассматривать с различных углов зрения, но точность их расшифровки будет зависеть только от нашего понимания и истинности точки зрения, а у нас она материальная. Для того, чтобы не могла закрасться какая-

---

[2] В Индии Дух и Природа идут в единой связке и там их называют соответственно Пуруша и Пракрити.

либо неточность при их расшифровке, нам обязательно придётся сравнивать их перевод с другими источниками.

Итак, в Книге в самом её начале говориться о том, как Бог сотворил человека, то есть о нашей полной эволюции с начала сотворения мира. В ней было сказано, что в начале эволюции Бог «сотворил небо и землю». Эти символы пока оказываются совершенно непонятными нам. Что это за «небо» и «земля»? Наши ли сегодняшние, или какие-то другие? Что эта Книга имеет в виду под смыслом этих слов?

Конечно, уже неоднократно люди пытались расшифровать эти символы, но это действительно только символы, которые можно трактовать во множестве форм. Нам ничего не остаётся делать, как предложить свою трактовку этих символов. Посмотрим, что у нас из этого получится.

...

1. В начале сотворил Бог небо и землю.
2. Земля же была безвидна и пуста, и тьма над бездною, и Дух Божий носился над водою.

...

Итак, первые фразы Книги тут же нам описывают в чём и как началась эволюция мира. Сначала Бог из чего-то сотворил «небо и землю»: не на пустом же месте это было сотворено? Эти символы могут означать, что были созданы два мира: духовный энергетический мир Времени – «небо» и материальный мир Пространства – «земля». Не путайте их с нашими небом и землею. Это нечто совсем другое. Они, скорее, имеют трансцендентный характер. Получается, что Бог разделил нечто огромное на два зеркальных и противоположных мира.

Почему зеркальных? Дело в том, что целое можно разделить, чтобы оно осталось целым, только на две зеркальные противоположности. Приблизительно будет так: например, целое мы можем обозначить как «0», оно есть и его нет. Теперь мы его разделим на две противоположности «-1» и «+1». Мы получаем два противоположных мира. Они уже сами по себе не равны «0», но их сумма 1+(-1) даёт нам «0».

Значит, в самом начале эволюции, уже могла существовать некая первородная Материя или нечто иное в состоянии этого «нуля». Она для нашего материального зрения не существует, но она есть. Духовные источники утверждают, что Бог во всём. Тогда возникает предположение, что Бог и есть этот «нуль» и это Он разделил сам себя на «небо» и «землю». Он сотворил пространственную трансцендентную «землю», в виде сгущённой материи, и трансцендентное «небо», в виде разряженной энергии времени. Они полностью должны быть тождественными и зеркальными.

Почему мы говорим о трансцендентной «земле» и «небе»? Дело в том, если говорить о Боге, то Он и есть Трансцендент (все вселенные вместе). Он включает в себя всё, что мы видим и не видим в нашем мире. Он ещё – и вне миров. Поэтому мы подразумеваем в начальный момент не сотворение планеты Земля, а сотворение Трансцендента, в котором наша планета должна будет появиться несколько позднее в отведённым для неё месте нашей вселенной.

Материя «неба», с материальной точки зрения, должна была занять большее пространство, потому что она, по нашим тождественным понятием с обычным небом, – разряженная, а материя «земли» – сгущена. Видимо, после их сотворения в «пустоте» появился какой-то сгусток материи в виде трансцендентной «земли», возможно, похожий на нашу планету и остальным пространством вокруг неё – трансцендентным «небом», где происходят все дальнейшие действия первой главы Книги. Но главный смысл этих слов пока остался «за кадром»: это было образовано будущее сгущённое материальное Пространство Трансцендента – «земля» и Его разряженное энергетическое трансцендентное

Время – «небо» [10], но это только по нашим пространственным представлениям.

Теперь мы можем более глубоко прояснить символы «неба» и «земли». Во многих духовных источниках говориться о двух «главных» полусферах мироздания. Первая высшая полусфера у нас будет соответствовать «небу», а вторая, низшая – «земле». Наша наука об этих полусферах мало что знает. Духовные знания [1] нам говорят о том, что верхняя полусфера «неба» – это полусфера мира Сверхразума, которая для нас была недоступна, а нижняя полусфера «земли» – это полусфера Материи с обычным для нас миром Разума, в которой находимся и мы. Они имеют между собой границу.

Эта граница есть ни что иное как библейские Небеса, обладающие Верховным разумом [11]. Перехода из нашего материального мира через Небеса в мир Сверхразума ещё никто не осуществлял. До 20-ого века они даже не имели между собой соприкосновения. Только Шри Ауробиндо [1] удалось их соединить между собой и построить между ними «мостик». Это открыло для нас возможность реально обрести Сверхразум и стать новым видом, но об этом немного позднее. Конечная цель всей нашей эволюции заключается в полной одухотворённой материализации Бога в масштабе мира и, индивидуально, в человеке, который соединит в себе обе «полусферы», которые тождественно существуют внутри него индивидуально.

Далее Книга описывает свойства «земли» и «неба». Описание «земли» говорит о том, что *она была безвидна и пуста*. Что представляет собой эти символы *«земли невидимой и пустой»*? Давайте обратим свой взор к нашей планете, может быть она поможет нам расшифровать эти символы?

Итак, материя планеты Земля оказывается для нас тверда. Если рассмотреть этот библейский символ «земля» с нашей физической точки зрения, то можно сказать, что она представляет собой сферический сгусток материи Пространства. Но что означает символ слова «безвидна» для описания материи «земли»? Есть ли у нас материя с такими свойствами?

Если хорошо поискать такой же символизм в нашем материальном мире, то подобные свойства имеет обычное прозрачное оконное стекло, которое пропускает через себя свет и поэтому в каком-то плане его можно считать «безвидным». Возможно, что материя с такими свойствами действительно может быть полностью прозрачной. Это означает, что она не излучает и не поглощает света, поэтому оказывается «безвидной». Её как будто бы нет «0», но на самом деле она существует «+1». Если направить на такую материю обычный луч света, то он пройдёт сквозь неё. Она не поглотит и не отразит его и останется невидимой для наших глаз.

Символ «пустая» так же несёт в себе определённый символизм, который может означать, что данная материя не имеет в себе никаких структур и является полностью бесформенной, хотя может быть одной трансцендентной полусферой. Таким образом, эти два символа сказали нам многое о свойствах первообразной «земли», что она не излучает и не поглощает света и не содержит в себе никаких форм и структур, даже атомных и ниже, и выше.

Можно уверенно утверждать, что трансцендентная «земля» – это бесформенная Материя в бесконечном Пространстве, а трансцендентное «небо» – это разряженная энергия в бесконечном Времени. Только в Книге характеристики «неба» прямо не даются. Мы пришли к ним на основании того, что пространство и время между собой располагаются взаимно перпендикулярно, но если с материальной точки зрения Пространство – сгущено, то Время – обязательно разряжено [9]. Они полностью зеркальные и отличаются по свойствам друг от друга. Мы пока получаем характеристики «неба» через символы описания «земли».

По своим параметрам мы назвали их трансцендентными (включающими в себя все вселенные). Они настолько бесконечные, что Пространства и Времени там практически, в нашем понятии, не существует, их, как бы, нет. Но их нет, потому что они в нашем понимании бесконечнее любых бесконечностей. Они, в одном случае, бесконечно большие, если речь идёт о «небе» во Времени, или стремятся к «нулю», если речь идёт о «земле» в Пространстве. Но даже в этом случае, для нас этот «нуль» бесконечно огромный. Можно даже сказать ещё более интересно: они могут быть и равны нулю и, одновременно, быть бесконечно большими. Здесь уже играет большую роль наша материальная точка зрения и неспособность разума понять это.

Вторая часть символов разбираемой фразы о *тьме над бездною»* ещё более туманная. Что имеется в виду под словами «тьма» и «бездна»? Если мы поднимем голову и посмотрим на наше тёмное небо, то символ «тьмы» вроде бы становится явью, но символ в Книге никогда напрямую не открывает нам свой ответ. Мы пока его оставим неразгаданным. Символ «бездна» можно перефразировать так: «без-дна», не имеющего конца – это бесконечность чего-то. «Без дна», как раз, может быть сфера, которая замкнута и поэтому не имеет «дна». Это можно опрсделить, как остальной мир, который находится без света, который ещё более бесконечен, чем сама «земля». Теперь снова возникает это символическое слово «тьма», которое вдруг стало иметь отношение к «небу» во Времени. Действительно, наше тёмное обычное небо символически тождественно этому символу «тьмы».

Неожиданно для себя мы нашли описание свойств «неба». Если мы в первых строчках символа «*была безвидна и пуста»* видим описание Пространства, Материи и трансцендентной «земли», то вторая часть символов *«тьма над бездною»* имеет отношение ко Времени, к Энергии и к трансцендентному «небу», о котором говорится, что оно не имеет «дна», т.е. бесконечно, и не содержит в себе никакого света, а только – «тьму». «Безвидная земля» не была видна в этой, можно сказать, кромешной «тьме». Но наша обычная тьма – это отрицательный, но всё же свет. «Тьма» Книги подразумевает в себе полное отсутствие любого света. Его здесь нет совсем! «Тьма» – это тот же «0», которым мы описали «пустоту», только для света.

Итак, начало эволюции произошло после образования «земли» и «неба». И вот вокруг такой трансцендентной «земли» в её тёмном «небе», далее по Книге, носится «Дух Божий».

«День» первый

2. ... и Дух Божий носился над водою.

...

Возникает новый символ: *«... и Дух Божий носился над водою»*. Это одна из первых фраз, говорящая о приходящем начале эволюции. Но это ещё не само начало, а преддверие начала. Здесь сразу же возникают два новых понятия: «Дух Божий» и «вода», которых ранее не было. Мистика – «Дух», который носится в «небе» Времени, и материя в виде «воды», скорее имеющая отношение к Пространству, – это то, над чем носится «Дух Божий». Возникает такое ощущение, что «Дух Божий», который быстро двигается, представляется нам каким-то живым и сознательным существом. К тому же, возможно, он по своим параметрам намного меньше «воды», вокруг которой носится, иначе бы он не носился.

«Дух Божий» является каким-то очень серьёзным элементом для нашей эволюции. Можно предположить, что он сознательное существо, которое содержит в себе всё возможное будущее строение Трансцендента. В нём должна быть сосредоточена вся его структура, которая только возможна. Он – это только структура, без материи, поэтому он носится над «водою», где-то на «земле» в её «небе», как энергетический структурированный сгусток свёрнутого в семя Трансцендента.

Итак, что собой представляет «Дух Божий»?

Скорее всего, его можно символически сравнить с семенем, которое спешит прорасти в земле. Только семя у нас получается сознательное и даже сверхсознательное. Он, как семя, не имеет в себе ни материи, ни пространства, но имеет их некий минимум для своего развёртывания. Но главное состоит в том, что он имеет огромную духовную энергию для развёртывания. Это всё Могущество, вся Сила Трансцендента (Бога). Его должно хватить на то, чтобы материализовать всего Трансцендента. Он – мистика, что говорит о его отношении к миру Времени и энергии, к «небу». На этом основании мы и сделали такое утверждение. Практически, он, материально, – «математическая точка» или, скорее, «0» без материи и пространства, которая имеет в себе всю структуру Трансцендента, а духовно – Могущество Энергии.

Итак, «Дух Божий» – это «семя» Трансцендента!

Цель его движения над «водою», каким-то новым типом материи «земли», нам не совсем понятна. Естественно, «семени» нужна «вода». Без неё оно не прорастёт. Здесь возникает понимание того, что «вода» – это определённый тип Материи «земли», на котором «Дух Божий» может «включить» свою эволюцию. Но это не обычная вода, которая есть в нашем мире, а нечто совсем другое, хотя по своим характеристикам они могут быть тождественными. Материализация Духа будет связана с развёртыванием через «воду» в «земле» собственных форм Духа со своими пространствами и временами, чтобы постепенно заполнить все свои структуры этой «водою».

Но если «земля была безвидна и пуста», то как образовалась на ней «вода»? Скорее всего, символ «вода» означает первозданное свойство материи «земли». Она указывает на то, что «земля», как обычная вода, может заполнять собой любые формы, в том числе и структуры «Духа Божьего».

Спрашивается, что тогда было носиться над «водою», только для того чтобы показать нам, что Он сознательное и живое существо? Только нечто живое может само носиться над чем-то. Его цели мы до конца не поймём. В противоположность Духу, «вода» предстаёт перед нами спокойным «океаном» без каких-либо ответных реакций. Она «безвидна и пуста».

...

3. И сказал Бог: да будет свет. И стал свет.
4. И увидел Бог свет, что он хорош, и отделил Бог свет от тьмы.

...

Следующий библейский символ, который у нас возникает: – «*Да будет свет. И стал свет*». Первое, что должно было возникнуть в начале эволюции – это «свет». Он и возник, только, как и какой? Бог, будто как самому себе, даёт команду «Духу Божьему», ведь кроме него там более, кто мог бы её осуществить, никого не было. Каким образом тот мог создать «свет»?

Как мы поняли ранее, «Дух Божий» имеет отношение ко времени, раз он носится в нём, а «вода» – к пространству. В таком случае, что произойдёт при соединении пространства и времени в одной точке, да ещё с такой огромной энергетикой Духа? Естественно, начнётся процесс аннигиляции с выделением света. Произойдёт взрыв Света, который в один миг заполнит всё будущее Пространство-«землю» и Время-«небо» Трансцендента. Это могло произойти только в одном случае, если «Дух Божий» вошёл в «воду» и соединился с нею. В этом случае произойдёт длительный, равный по времени эволюции, разряд энергии времени Духа в пространственную материю «воды». Возникший процесс аннигиляции вполне может быть связан с возникновением «света», который в дальнейшим стал эволюционным расширением «Духа Божьего» в «земле» и в «небе». Он затронет собой обе полусферы.

Представьте себе, что была сплошная «тьма». Вдруг в ней возникает «свет», который сферически расширяется и в «небе», и на «земле» со скоростью света, если не более. Он стал, как бы, поглощать «воду» из «земли» и создал «свет» из «тьмы». «Земля», в месте действия процесса аннигиляции, тут же становиться видимой. Она, сама по себе, – нейтральная, и не поглощает и не излучает света, поэтому не видна, но если на неё оказать какое-либо силовое энергетическое воздействие, например, Силой Духа, то она начинает или излучать, или поглощать «свет». Всё зависит от знака энергетического воздействия Силы Духа, действующего на «землю». Она тождественно и зеркально откликается на Его Силу. В «земле» возникает продолжительный разряд Силы Духа. Если он закончится, тогда эволюция остановится и начнётся обратный процесс поглощения «света» – инволюция.

Дух, действуя своей Силой на «землю» выводит её, в зоне своего действия, из нейтрального состояния. «Земля» перестаёт быть «безвидной и пустой». Она реагирует на Его Силу своей противосилой. Возникает «Свет». Это понятие здесь так же символическое. «Свет», который здесь имеется в виду, – это не наш обычный свет. Из этого единого «Света», как «0», далее получают обычную тьму «-1», отделяя её от «Света», и обычный свет «+1».

В начале «Свет» получается у нас таким же «нулевым», нейтральным, подобный «пустоте». Мы такого «Света» сегодня в своём мире не имеем. Он, как «0», для нас будет не видим. Его можно назвать супраментальным светом [1] нашего будущего, к чему мы ещё должны будем прийти.

Есть в духовных источниках понятие божественного света, который есть, но который мы не видим. Можно утверждать, что этот символ указывает нам именно на него. Божественный Свет содержит в себе Красоту, Гармонию, Блаженство, Любовь, Могущество, Истину и т.д. Он, действительно, «хорош» и обладает Могуществом Бога. О нём знают практически все духовные искатели.

Далее, произошло отделение тьмы от «Света». Это означает, что далее божественный Свет разделился на обычные для нас свет и тьму. «Свет» стал обычным материальным светом, который стал обладать положительными, «светящимися» свойствами. Он материализовался в «воде» и стал обычным светом, потеряв при этом силу, затратив её на свою материализацию. Тьма – это тот же свет, только он располагается во Времени и наполнен его энергией. Он имеет «поглощающие», тёмные отрицательные параметры, относительно обычного света. Если их обратно соединить вместе, то мы получим аннигиляцию света и тьмы обратно в божественный «Свет» с выделением Его Могущества. Но они располагаются в разных плоскостях и соединить их не так-то просто.

Если рассмотреть фотон обычного материального света в пространстве, то он излучает энергию, и мы видим обычный свет. Если его переместить в плоскость времени, отобразив зеркально, изменив фазу состояния фотона света на 180^0, то фотон начнёт поглощать энергию. Мы увидим уже тьму, созданную им же, хотя у нас в принципе ничего не изменилось. Это будет всё тот же свет, только со знаком «минус». Возможно, то же самое происходит с нашим светом и его зеркальным отображением в Материи, тьмой.

Если наш физический свет разъединить на составные части: отдельно электромагнитные силы (Дух) и отдельно частицы-корпускулы (Материю), то электромагнитные колебания, потеряв частицы материи, при этом сожмутся и потеряют время и пространство, и станут «точкой» без пространства и времени. Тогда их период колебания станет бесконечно малым. Частицы материи – корпускулы, возможно, потеряв организующую их силу электромагнитных колебаний света, создают «безвидную и пустую землю» с бесконечно большим или хаотичным пространством и временем. Здесь у нас возникает некоторая аналогия между светом и материей. Может так оно и есть? Кажется, нам удалось понять нечто такое, что даст нам возможность более глубоко исследовать процессы нашей будущей эволюции.

...

Всё это описание получения «Света» сильно напоминает нам процесс зачатия младенца. Энергия сперматозоида и покой яйцеклетки очень уж получаются тождественными нашему описанию начала эволюции через «Духа Божьего» и «воду» соответственно. А давайте, действительно, сравним все эти описанные нами библейские символы с зачатием человека, слишком уж они символически получаются аналогичными. «Небо и земля» имеют прямое отношение к описанию матки женщины. «Земля» – это «вода», которая может быть яйцеклеткой, а «небо» – сферическая, «без дна», оболочка матки, внутри которой развивается эмбрион. «Вода» имеет прямое отношение к яйцеклетке, под которой или вокруг которой носится «Дух Божий», этот символический сперматозоид, в котором «виртуально» содержится вся структура будущего человека. Он обладает малой массой, но огромной энергетикой. Соединение сперматозоида и яйцеклетки даёт, по описанию духовных источников, взрыв божественного света, который нам не виден, но на который ориентируется Душа будущего человека. Он будет виден во всей вселенной. Этот «свет» обладает большой энергией. Её хватает на период развития полноценного плода, то есть на 9 месяцев.

Всё сходится практически полностью. Зачатие, рождение и развитие эмбриона поможет нам точнее понять духовные символы и послужит такой символической проверкой наших выводов. Конечно, «Дух Божий» – это более совершенное «семя», чем сперматозоид, но принцип начала эволюции и зачатия человека символически очень подходит под наши предположения.

...

5. И назвал Бог свет днём, а тьму ночью. И был вечер, и было утро: день один.

...

Символы «день и ночь», соответственно связаны с обычными светом и тьмой. Они означают нечто более весомое: «день» наполнен светом, в «ночь» – тьмой. Мы получаем из этих символов циклы эволюции, сменяемые как «день», когда эволюционирует «небо» и мы имеем духовную часть эволюции, и как «ночь», когда эволюционирует «земля» как материальная часть эволюции.

«Вечер» и «утро» – это опять же символы. Они означают переходные процессы между сменой «дня» и «ночи», как рождение и смерть. «Вечер» – это рождение «тьмы», как начала материальной эволюции, и смерть «дня», как конец духовной эволюции; «утро» – это смерть «тьмы», как окончание материальной эволюции, и рождение «дня», как начала духовной эволюции.

«День один» – это время одного полного цикла эволюции, включающей в себя все предыдущие символы «день», «ночь», «вечер», «утро». Естественно, он по времени не равен нашим обычным дням, ночам и т.п. Его протяжённость может составлять миллионы и даже миллиарды лет, а может быть и менее. Это мы рассмотрим позднее.

Сегодня мы уже заканчиваем свою материальную «ночь» – материальную часть эволюции. В мире уже занимается «заря» – «утро», которое приведёт нас к духовной эволюции, наполнив «светом» нашу жизнь.

Следующие «дни»

6. И сказал Бог: да будет твердь посреди воды, и да отделяет она воду от воды. [И стало так.]

7. И создал Бог твердь, и отделил воду, которая под твердью, от воды, которая над твердью. И стало так.

8. И назвал Бог твердь небом. [И увидел Бог, что это хорошо.] И был вечер, и было утро: день второй.

...

Что получается в итоге расшифровки этих символов?

Итак, «Дух Божий» – это Трансцендент без Времени и без Пространства и, в нашем материальном понимании, соединяется с «водою», образуя взрыв «Света». Он, при аннигиляции, начинает расширяться сферически на границе между «небом и землёю» и часть его сферы проникает в материю «земли» – в Пространство, но она сжатая, а другая её часть расширяется в «небе» – во времени, но она разряженная.

Когда начинает расширяться божественный «Свет», то Он своей Силой заставляет структурироваться «воду», создавая в ней свои структуры, формы, которые она собой заполняет. Без неё это было бы невозможно. «Вода» – это источник внутренних пространства и времени формы, а структуры «Духа Божьего», которым нужны эти пространства и времена, содержаться в Нём, как в семени растения уже содержится всё будущее растение.

Первая, разворачиваемая Им, структура образовала «твердь посреди воды». «Твердь» – это граница раздела между разными средами. Бог образовал границу раздела в «воде», а затем она же «отделила воду от воды». Пока мы не видим различия между средами: и там «вода», и здесь «вода».

Но далее идёт описание этих разных «вод», которые разделила «твердь». Первая из них – это «вода под твердью»; вторая – это «вода над твердью». Вроде бы опять ничего не ясно, но пока оставим их. Далее, совершенно неожиданно появляется ещё одно новое понятие «неба»: «И назвал Бог твердь небом.» «Твердь» вдруг получила определение «неба». Граница раздела сред стала называться «небом».

Если сравнить это с земным небом, то получается, что оно действительно отделяет материальную планету Земля от остального Космоса. Оно вполне может называться границей раздела сред между сгущённым Пространством Земли и разряженным Временем Космоса. Может и здесь возникает подобная аналогия? Давайте это проверим.

Итак, граница раздела была проведена внутри «воды» (Пространства). Она к предыдущему трансцендентному «небу» никакого отношения не имеет. Получается, что это Пространство было само поделено ещё на внутренние пространство «под твердью» (Земля) и внутреннее пространственное время «над твердью» (Космос). Такое возможное деление бо́льшего Пространства на меньшие внутренние пространство и время подтверждается в исследовании элементарной структуры Нави [9]. Оно существует и даже является одним из «механизмов» мироздания. Это образование внутренних пространств и времён происходило за один эволюционный цикл, за «один день».

Так закончился «день второй», как следующий цикл эволюции.

...

9. И сказал Бог: да соберётся вода, которая под небом, в одно место, и да явится суша. И стало так. [И собралась вода под небом в свои места, и явилась суша.]

10. И назвал Бог сушу землёю, а собрание вод назвал морями. И увидел Бог, что это хорошо.

11. И сказал Бог: да произрастит земля зелень, траву, сеющую семя [по роду и по подобию её, и] дерево плодовитое, приносящее по роду своему плод, в котором семя его на земле. И стало так.

12. И произвела земля зелень, траву, сеющую семя по роду [и по подобию] её, и дерево [плодовитое], приносящее плод, в котором семя его по роду его [на земле]. И увидел Бог, что это хорошо.

13. И был вечер, и было утро: день третий.

...

Следующий *«день»* для нас не так сильно скрыт в своих символах. Они уже нам более полно открываются и текс Книги уже не представляет такой большой сложности. Здесь далее описывается, как образовалась *«суша»* и собрание *«вод»*. Их, так же, создал Творец, который далее дал им названия соответственно «земля» и «моря».

11-ая строка для нас уже более интересна. В ней говориться о том, что сама *«земля»* должна создать травы, *«сеющие семя на «землю»* и плодовые деревья, *«приносящие по роду своему плод, в котором семя его на земле»*. Получается, что «земля» должна всё это произвести на пустом месте из себя, ведь более на ней ничего нет. Скорее всего, здесь имеется в виду Природа. Именно она является двигателем эволюции.

Мы заметили одну особенность чередования символов с Книге. Например, начинается строка со слов о Боге: «И сказал Бог: ...», то есть произнёс «слово», через которое создал «программу», например, по произрастанию растений на «земле». Вывод получается таким: растения не появились сами в процессе эволюции, а были созданы Высшим разумом Силой Духа. Здесь речь идёт только о появление растений, но не о их дальнейшей эволюции.

Программа по созданию растений начинается со слов: *«И сказал Бог»*, далее идёт само тело программы по произрастанию растений и заканчивается она фразой: «*И стало так*». Всё как в компьютерной программе: есть начало, есть тело программы, есть её конец. Далее идёт выполнение программы, о чём говориться уже в 12-ой строке. В ней речь идёт об эволюции, когда сама «*земля*», выполняя программу Творца, произвела из себя растения. Во фразе «*И увидел Бог, что это хорошо*» говориться о том, что их эволюция закончилась и совершенный мир растений, созданный Природой, понравился Творцу. На этом эволюция растений заканчивается.

Так закончился «*третий день*», ещё один цикл эволюции, связанный с образованием суши и морей и с появлением мира Растений. Только мы пока здесь не имеем ничего, кроме самой «*земли*», на которой есть «*суша*» и «*моря*». Как могли произрасти растения, если им обязательно необходим свет? Здесь возникает предположение, которое исходит из исследования элементарной структуры Нави [9], что Космос в то время был весь светящимся. В то время всё «*небо*» над «*землёю*» было светящимся, а не тёмным, как у нас сегодня.

...

14. И сказал Бог: да будут светила на тверди небесной [для освещения земли и] для отделения дня от ночи, и для знамений, и времён, и дней, и годов;

15. и да будут они светильниками на тверди небесной, чтобы светить на землю. И стало так.

16. И создал Бог два светила великие: светило большее, для управления днём, и светило меньшее, для управления ночью, и звезды;

17. и поставил их Бог на тверди небесной, чтобы светить на землю,

18. и управлять днём и ночью, и отделять свет от тьмы. И увидел Бог, что это хорошо.

19. И был вечер, и было утро: день четвёртый.

...

Новый «*день*» начинается с новой словесной «*программы*». Эта «программа» создаёт «*светильники на тверди небесной*». Мы получаем «*искусственное*» создание Богом, через Его слово-программу, двух наши светил: *Солнца, Луны и звёзд*. Они возникают только на «*4-ый день*». До этого времени их не было, на что было указано нами ранее.

Более на «4-ый день» ничего другого создано не было. Получается, что Солнце было создано для освещения Земли и для отделения дня и ночи, а Луна – для знамений, времён, дней и годов. Так что, наш годовой календарь, учитывающий вращение Солнца, не верен, а вот лунный календарь – более истинный. Далее символы Книги уже, практически, стали открытыми и расшифровывать их нет никакой необходимости.

...

20. И сказал Бог: да произведёт вода пресмыкающихся, душу живую; и птицы да полетят над землёю, по тверди небесной. [И стало так.]

21. И сотворил Бог рыб больших и всякую душу животных пресмыкающихся, которых произвела вода, по роду их, и всякую птицу пернатую по роду её. И увидел Бог, что это хорошо.

22. И благословил их Бог, говоря: плодитесь и размножайтесь, и наполняйте воды в морях, и птицы да размножаются на земле.

23. И был вечер, и было утро: день пятый.

...

На «*пятый день*» у Бога появилась новая словесная программа. Благодаря ей на планете появляются первые виды живых существ, «*произведённых водою*»: пересмыкающие и рыбы, которые должны были жить в воде. Кроме этого появляются птицы, которые размножаются уже на земле. Других видов живых существ пока ещё не было.

...

24. И сказал Бог: да произведёт земля душу живую по роду её, скотов, и гадов, и зверей земных по роду их. И стало так.

25. И создал Бог зверей земных по роду их, и скот по роду его, и всех гадов земных по роду их. И увидел Бог, что это хорошо.

26. И сказал Бог: сотворим человека по образу Нашему [и] по подобию Нашему, и да владычествуют они над рыбами морскими, и над птицами небесными, [и над зверями,] и над скотом, и над всею землёю, и над всеми гадами, пресмыкающимися по земле.

27. И сотворил Бог человека по образу Своему, по образу Божию сотворил его; мужчину и женщину сотворил их.

28. И благословил их Бог, и сказал им Бог: плодитесь и размножайтесь, и наполняйте землю, и обладайте ею, и владычествуйте над рыбами морскими [и над зверями,] и над птицами небесными, [и над всяким скотом, и над всею землёю,] и над всяким животным, пресмыкающимся по земле.

29. И сказал Бог: вот, Я дал вам всякую траву, сеющую семя, какая есть на всей земле, и всякое дерево, у которого плод древесный, сеющий семя; – вам сие будет в пищу;

30. а всем зверям земным, и всем птицам небесным, и всякому [гаду,] пресмыкающемуся по земле, в котором душа живая, дал Я всю зелень травную в пищу. И стало так.

31. И увидел Бог все, что Он создал, и вот, хорошо весьма. И был вечер, и было утро: день шестой.

...

На «шестой день» Бог сотворил животных: «скотов, гадов и зверей», которые стали размножаться на земле. Далее идёт самое интересное: это сотворение «*мужчины и женщины*», которых Он назвал человеком, которые должны были «владычествовать» над всем на планете: «*Мужчину и женщину сотворил их*».

Пока они получаются у нас высшими животными существами – животными, а не современным человеком ума. Тем более, Бог очень чётко даёт нам понять, что им в пищу можно использовать только семена и плоды растений, а животным – только траву с семенами. Получается, что животные были только травоядные и рядом с ними уже были, такие же травоядные, животные люди. Это животный цикл эволюции, который закончился полным совершенством: *«И увидел Бог все, что Он создал, и вот, хорошо весьма»*.

Так закончился следующий *«6-ой цикл»* эволюции.

Начало «седьмого дня»

Глава 2. 1. Так совершены небо и земля и все воинство их.

2. И совершил Бог к седьмому дню дела Свои, которые Он делал, и почил в день седьмый от всех дел Своих, которые делал.

3. И благословил Бог седьмой день, и освятил его, ибо в оный почил от всех дел Своих, которые Бог творил и созидал.

...

Самый сложный для нас будет *«седьмой день»*, ибо он уже конкретно должен показать нам, как и от кого мы произошли? Здесь возникает очень много новых символов, которые нам придётся расшифровывать.

Итак, в первых трёх строчках Книги символы указывают на совершенство Творения и некий «отдых» Бога. Что кроется за ним, мы пока не знаем, но главное в том, что почему-то Бог *«благословил седьмой день и освятил его»*!

Как мы понимаем из этого благословения, что, Его Творение было закончено *«весьма хорошо»* и более в нём *«творить»* ничего не требовалось или, всё же, требовалось? В этот *«день»* Он оставил Творение и предоставил его самому себе. Но Он же сам утверждает, что оно совершенно, только на животном уровне. Значит, здесь дело не в Творении.

Тогда можно предположить, что Он «*почил от всех дел*» и вернулся к самому себе, т.е. к Богу. В принципе Богу не нужен тот отдых, который необходим человеку. Он не нуждается в восстановлении своего Могущества. Тогда, зачем Он «*почил*»? Самое интересное в том, что «*благословил Бог седьмой день, и освятил его*». В этот день Он, в своей святости, занимается нашей «*святой*» планетой Земля и человеком. Получается, что она была создана ранее, но настал «*седьмой день*», когда она должна была с благословения и освящения Богом стать раем, то есть святым местом.

...

4. Вот происхождение неба и земли, при сотворении их, в то время, когда Господь Бог создал землю и небо,

5. и всякий полевой кустарник, которого ещё не было на земле, и всякую полевую траву, которая ещё не росла, ибо Господь Бог не посылал дождя на землю, и не было человека для возделывания земли,

6. но пар поднимался с земли и орошал все лице земли.

7. И создал Господь Бог человека из праха земного, и вдунул в лице его дыхание жизни, и стал человек душою живою.

8. И насадил Господь Бог рай в Едеме на востоке, и поместил там человека, которого создал.

9. И произрастил Господь Бог из земли всякое дерево, приятное на вид и хорошее для пищи, и дерево жизни посреди рая, и дерево познания добра и зла.

...

От этих новых символов мы попадаем в прострацию: всё уже вроде бы было создано, но, как оказывается, ещё ничего нет. Давайте пойдём по порядку. Итак, 4-ая строка утверждает, что то, что мы описывали ранее, как происхождение «неба и земли» не является происхождением нашей планеты. Это было трансцендентная «земля», но наша планета была создана подобным образом в момент её сотворения.

Это описание «шестидневной» эволюции соответствует и нашей планете, что подтверждают 5-ая и 6-ая строки. Она в начале *седьмого дня* уже существовала, но почему-то ещё не имела ни кустарников, ни другой растительности, не говоря о живых существах. Бог утверждает, что Он ещё не *«не посылал дождя на землю, и не было человека для возделывания земли»*. Но далее символы говорят, что всё-таки земля орошалась *«паром»*. Её состояние в начале *«седьмого дня»* было следующим: *«и пар поднимался с земли и орошал все лице земли»*. Если следовать далее по тексту, то кустарники, полевая трава и даже животные уже должны были существовать.

Возникает новое определение в символах: во второй главе Книги возникает понятие «*Господа* Бога», чего ранее не было. Ранее был только «*Бог*». В чём заключается их различие? Возможно, что «*Господь Бог*», как новое понятие, возникает относительно нашей планеты и мира, а не трансцендентной «земли», ибо только в этой главе началось символическое описание нашей планеты. «Господь Бог» – это первый среди Богов Бог.

В духовных источника мы имеем описания возникновения Богов и даже их обращения в полную противоположность, в антиподов Богов. Если сказать кратко, то Боги существуют на разных уровнях мира: вселенские Боги, галактические Боги, Боги планетарных систем, подобно солнечной и т.п. Трансцендентный Бог – он один, который и стал Всевышним, Господом Богом для мира. Мы не будем далее это исследовать и акцентировать на этом своё внимание.

Впервые в 7-ой строке говориться о *«душе человека»*, которого Бог создал из *«праха земного»* и *«вдохнул»* в него жизнь. Тогда в чём отличие «человека» от ранее созданных на *«шестой день»* *«мужчины и женщины»*, которым имён не дали? «*Мужчина и женщина*», без имён, являлись высшими животными людьми, созданными по подобию «*Бога*». Здесь, скорее всего, подразумевается подобие физического тела. Получается, что «*Бог-Творец*» был Богом надживотного мира. Естественно, животные не имеют индивидуальной души, а имеют только коллективный Дух вида. «*Человек*», в отличие от них, был уже создан «*из праха земного*», хотя и он всё ещё имеет, на данный момент, животное происхождение, но уже, в отличие от них, обрёл индивидуальную «*Душу*». Она позволяла ему совершенствоваться. «*Душа*» – это часть «*Духа*», которая обладает частью Его Силы, если не всей! «*Человек*» – пока всё ещё материальное существо, только всё ещё без имени, но который уже, через Душу обладает духовной силой, которой у животных нет.

На планете, как оказывается, всё ещё существует «парилка». Только Господь Бог вдруг решил создать на ней человека. Возникает вопрос, а где Он создаёт человека, если для него только потом, уже готового, «*насадил рай в Едеме*», куда затем его и отправил? Где Он до этого времени его держал? Создаётся предположение, что человек был создан «*из праха земного*» в какой-то Его «лаборатории». А где же ещё? Только потом его перенесли в готовый «рай».

Поверхность Земли на тот момент представляет собой сушу и моря. К тому же, она была очень горячая, т.к. вся была окутана паром. Это говорит нам о том, что температура поверхности планеты была довольно высокой. Из воды образовывался пар. Естественно, на экваторе температура воздуха была более высокая, чем на полюсах планеты. Отсюда мы можем сделать предположение, что «Едем» мог существовать в то время только где-то на одном из полюсов или рядом с ними.

Далее «*Господь Бог*» поместил человека «*в рай на востоке Едема*». «*И произрастил Господь Бог из земли всякое дерево, приятное на вид и хорошее для пищи, и дерево жизни* посреди рая, и дерево познания добра и зла.» Описание «*рая в Едеме*» ничего нам особого не даёт, кроме того, что произрастил Господь кроме плодовых деревьев ещё и два особых дерева: «*дерево жизни*» и «*дерево познания добра и зла*». Символы нам явно указывают на их особый статус.

...

16. И заповедал Господь Бог человеку, говоря: от всякого дерева в саду ты будешь есть,

17. а от дерева познания добра и зла не ешь от него, ибо в день, в который ты вкусишь от него, смертью умрёшь.

...

Господь предупреждает человека, у которого всё ещё нет имени, чтобы он от «*дерева познания добра и зла*» не ел плодов. Иначе он умрёт. Мы пока не будем далее вникать в этот символ названия дерева и разберём его позднее.

...

18. И сказал Господь Бог: не хорошо быть человеку одному; сотворим ему помощника, соответственного ему.

19. Господь Бог образовал из земли всех животных полевых и всех птиц небесных, и привёл [их] к человеку, чтобы видеть, как он назовёт их, и чтобы, как наречёт человек всякую душу живую, так и было имя ей.

20. И нарёк человек имена всем скотам и птицам небесным и всем зверям полевым; но для человека не нашлось помощника, подобного ему.

...

Возникает новая программа по сотворению человеку «*помощника, соответственного ему*». Для чего Бог, почему-то, снова «*образовал*», уже из земли, «*всех животных полевых и всех птиц небесных*» и привёл их к человеку, чтобы тот дал им имена. Снова, – та же самая лаборатория, где были образованы уже материальные птицы и животные. Получается, что эти символы говорят нам о какой-то резкой и массовой материализации живых существ на планете. Только среди них не нашлось ему «*помощника, соответственного ему*».

Получается, что «человек» жил в животном раю, в котором Господь Бог насадил деревья и создал животных и птиц. Эти символы говорят, что всё было создано Господом Богом под человека, а не наоборот. В существовании любого мира, будь то животный мир, или мир Растения, или мир Разума, имеется главная эволюционная цель и далее всё подчиняется и создаётся в соответствие «под неё».

Как в животном мире главной целью оказался животный человек? Бог его создал по своему подобию, но не как разумного человека, а как высшего представителя животного мира для «*возделывания земли*». Под него Он создаёт «*Едемский сад*» с животными и с птицами, как помощников для него, которые не подошли ему.

...

21. И навёл Господь Бог на человека крепкий сон; и, когда он уснул, взял одно из рёбр его, и закрыл то место плотию.

22. И создал Господь Бог из ребра, взятого у человека, жену, и привёл её к человеку.

23. И сказал человек: вот, это кость от костей моих и плоть от плоти моей; она будет называться женою, ибо взята от мужа [своего].

24. Потому оставит человек отца своего и мать свою и прилепится к жене своей; и будут [два] одна плоть.

25. И были оба наги, Адам и жена его, и не стыдились.

...

Здесь особо расшифровывать нечего. У человека появилось имя, и он стал Адамом, но у жены имени ещё не было. Она считалась его продолжением, его частью и звалась – просто «*жена Адама*». Отсутствие у них стыда указывает нам опять на животного человека. Только животные ходят нагими и при этом не испытывают чувства стыда. Тогда получается, что и рай был совершенным и гармоничным животным миром, предшествующим нашему миру.

Адам был создан по подобию Бога. Это могло означать, что он, в начале создания из «*праха земного*», был создан бесполым существом, сочетавшим в себе одновременно и мужское и женское начала. «*Ребро*», как символ, может означать, что из него выделили женское начало в отдельное тело «*жены*». Оно по типу разуму оказалось противоположным мужскому началу, как бы, перпендикулярным ему, поставленным на «*ребро*». Естественно, вдвоём они составляли единое целое, «*одну плоть*» – семью, которой никакие родители были не нужны.

Семья – это «одна плоть» Бога, тот же «ноль»!

Обретение разума

В 3 главе Книги описывается обретение человеком разума, от плода «*дерева познания добра и зла*», и его изгнание из животного рая. Эта история Адама и его жены хорошо известна, и мы не будем акцентировать на ней внимание. Мы остановимся только на тех моментах, которые нам глубже прояснят события «*7-ого дня*».

Итак, жена искусила Адама, через змея, попробовать плода с «*дерева познания добра и зла*». Они этим нарушили заповедь Господа Бога. Этот символ «*плода дерева*» и есть ни что иное, как символ обретения человеком разума, ума, которого он ранее не имел. Новый разум по своей природе оказался двойственный. Он всё в мире разделяет на добро и зло. Это позволяет новому ментальному разуму, через их сравнение, осуществить процесс познания.

Плод с «*дерева познания добра и зла*» запустил новые разумные «механизмы» познания в разуме животного человека. Ум оказался следующей ступенью его эволюции, на которую перешли Адам и его жена. Получается, что человек сам, под искушением какого-то библейского «змея», перешёл от совершенного животного вида к началу разумной эволюции ментального человека, всё ещё оставаясь в животном теле. «*Радужный змей*», который их искусил съесть плода, является символом эволюции разума.

...

22. И сказал Господь Бог: вот, Адам стал как один из Нас, зная добро и зло.

...

Очень интересная фраза: <u>*как один из Богов*</u>! Она указывает нам на то, что Адам, обретя разум, стал как один из Богов. Это ещё раз подтверждает то, что «Едемский сад» был раем животного мира. Человек был сотворён с целью ухаживать за садом, как высшее животное существо. Неосознанно обретя разум, Адам становится равным Богам мира Животных. Его цель жизни, как животного, исчезает. Он её превышает. Сегодня разумный человек для животных – как Бог.

Рай был создан Господом Богом, как рай для животных и растений. Бог животного мира должен по своему уровню разума быть на одну ступень выше разума животных, каким Он и является, на что нам указывает 22-ая строка Книги. Адам, съев плода с «*дерева познания добра и зла*», также поднялся в своём разуме на одну ступень выше животного уровня. Вот почему Бог утверждает, что «*Адам стал как один из Нас, зная добро и зло*». Это говорит нам о том, что более в животном раю он находиться не может. Он его в своём разуме превысил и должен создать для себя уже свой собственный Рай.

Далее Господь Бог вынужден принять решение об изгнании Адама и Евы из «Едема» с определёнными условиями. Они более похожи на наказания, но Господь просто озвучил им законы нового для них мира Разума, в котором им далее придётся жить и совершенствоваться. Жена

Адама, получив разум, тут же обретает имя Ева, что уже говорит о ней, как о ментальном человеке.

Изгнание из рая – это символ начала разумной эволюции человека. Хотя Адам и Ева обрели разум, но он ещё у них не был развит. Они его только-только получили и его им необходимо далее совершенствовать. Для этого нужна была новая и уже разумная эволюция в материальном мире Разума.

Далее начинается процесс совершенствования разума, который затянулся до наших дней. Единственное, о чём мы жалеем, что Адам и Ева не успели съесть плода с *«дерева жизни»*. Мы потому и смертны, что ещё не попробовали этого плода и не стали обладать вечной жизнью.

...

24. И изгнал Адама, и поставил на востоке у сада Едемского Херувима и пламенный меч обращающийся, чтобы охранять путь к дереву жизни.

...

Херувим – это высший ангельский чин[3]. Естественно, он, как все ангелы, принадлежит потустороннему миру. Тогда получается, что «Едем» – это сегодня сад потустороннего мира и поэтому мы до сих пор не можем его найти, хотя все деревья в нём и животные были созданы из «земли», только какой? К тому же *«пламенный меч обращающийся»*, по нашим сказкам, – это потусторонний символ меча-хладинца (от слова «хлад» – холод). Меч имеет «лезвие» из холодного огня энергии потустороннего мира времени, нечто похожее на «меч джидаев». *«Обращающийся»* видимо означает, что можем работать в обоих мирах и Пространства, и Времени. Этого *«Херувима»* и *«меч обращающийся»*, когда мы станем совершенными в своём разуме и обретём всю его силу, нам ещё предстоит одолеть.

---

[3] Высший ангельский чин Херувима в Православии имеет Пресвятая Богородица.

Мы не будем далее расшифровывать символы Книги. «Картина-версия» происхождения человека и его эволюции нами уже более-менее составлена и нам необходимо её более серьёзно исследовать. У нас остался ещё один символ, который явно возникает с обретением разума – это символ «*смерти*». Господь Бог так и сказал: «*ибо в день, в который ты вкусишь от него, смертию умрёшь*». Почему-то смерть стала обязательной для эволюции в мире Разума.

Мы живём в материальном мире, в котором совершенствуется разум. Зачем человек и всё живое в нём умирает? С какой целью была создана смерть? Ведь явно она является необходимостью для совершенствования разума, в противном случае, её бы не было. Здесь виновата наша материальная оболочка – тело. Инертность материи в нашем мире послужила рождению смерти для всех материальных форм. Двойственность получается характерной и для жизни, как жизнь после смерти, и для рождения, как смерть. Для того чтобы произвести какие-либо изменения в материальных формах, надо было сначала их разрушить, т.е. заставить умереть, а только затем снова можно будет создать новые, изменённые формы из того же самого материала, только усовершенствовав и заменив их структуру.

В процесс эволюции разума постоянно приходится производить структурные изменения в материальных формах. Форма подгоняется под совершенствующий разум, который сильно опережает в своём развитии инертную материю.

Материальная форма в мире Разума живёт столько времени, сколько есть возможность производить в ней изменения структуры под новый разум, который мы обретаем. Чем больше времени существует форма, тем более жёсткой и «железобетонной» она становиться. К старости форма практически разумно «каменеет» и производить в ней изменения структуры становится сложно и даже невозможно. Когда изменения структуры формы производить, из-за её жёсткости, уже нельзя, она умирает. Только теперь мы начинаем понимать необходимость смерти в нашей жизни. Она помогает нам преодолевать инертность материальной формы в мире, чтобы ускорить свою разумную эволюцию.

Итак, мы кое-что уже имеем для начала нашего описания эволюции, потому что у нас возникли некоторые её закономерности. По Книге мы пока имеем семь её этапов, причём современный этап седьмой. Давайте попробуем кратко подвести её итог и описать эти этапы:

– *День первый* – сотворение «неба» и «земли», соединение «Духа Божьего» с «водой», возникновения «божественного Света» и отделение «света» от «тьмы»;
– *День второй* – разделение «воды» через «твердь» и образование «неба»;
– *День третий* – образование океанов, морей, рек, озёр, проявление суши и создание растений;
– *День четвёртый* – образование Солнца, Луны и звёзд;
– *День пятый* – появление пресмыкающихся на земле и птиц на небе;
– *День шестой* – появление скотов, гадов, животных на земле и животного человека;
– *День седьмой* – материализация всего живого на пустой Земле, появление разумного человека.

Итак, мы получили некоторое направление для наших дальнейших поисков и можно уже обозначить циклы нашей эволюции и развитие её на планете. Оно уже складывается определённым образом. Давайте снова вернёмся к рождению человека, которое аналогично рождению Трансцендента, и попробуем эти выводы приложить к нему. Мы остановились на том, что произошло соединение сперматозоида и яйцеклетки, которое дало «свет» для развития эмбриона, а далее, яйцеклетка начинает делиться надвое и «*образуется твердь посреди воды*» и форма приобретает первичные пространство и время, которые далее развиваются вместе с формой эмбриона. Он развивается от точечной яйцеклетки до человека, проходя все стадии нашей эволюции.

Эмбрион человека проходит все вышеописанные стадии формирования от растения до человека, что уже доказано нашей наукой. И в матке матери он находится как бы в «*раю Эдема*» и создан из «*праха земного*», где у него всё есть, где ему тепло и уютно, где много пищи. Но настаёт такой момент, когда созревшему животному эмбриону «*нашёптывает этот радужный Змей*», который предлагает ему съесть запретный «*плод*». Он, конечно, не может устоять от этого искушения и «*съедает плод с дерева познания добра и зла*». Это служит ему толчком к физическому рождению на планете Земля. Он, как бы, изгоняется из «*рая*», из матки матери для «*познания добра и зла*» в мир Разума на планете Земля и становится равным Богам.

Получается, что у нас физический процесс развития эмбриона полностью совпал с библейскими символами эволюции человека. Можно конечно в это верить или не верить, но процесс рождения эмбриона в утробе матери, символически, очень сильно подобен процессу нашей вселенской эволюции.

Эволюция плотности материи

Давайте пока оставим библейские символы, чтобы потом вернуться к ним уже более подготовленными. Сейчас мы попытаемся понять, каким образом эволюционирует сама структура материи после воздействия на неё божественного «Света». Возникла интересная мысль о том, что в процессе эволюции, как и в нашей физике, материю можно последовательно привести к нескольким агрегатным состояниям, известным нашей науке:

- *облако первичной материи, эфир* (в нашем мире отсутствует);
- *плазма;*
- *газ;*
- *жидкость;*
- *органическая материя, твёрдое вещество;*
- *...?*

Можно предположить, что эволюция структуры нашей земной материи шла именно таким образом. Мы уже имеем возможность, обозначить, что эволюция структуры материи идёт в сторону её сжатия и уплотнения в материальном пространстве. Это означает то, что её следующее агрегатное состояние в дальнейшей нашей эволюции – это какое-то сверхтвёрдое вещество или какая-нибудь сверхорганическая кристаллическая материя.

Учёные, занимаясь вопросами изучения плазмы, и при проведении опытов с холодной плазмой пришли к интересным результатам, подтверждающими нашу теорию эволюций по плотности материи. Давайте опишем некоторые их опыты с холодной плазмой, только при этом напомним, что

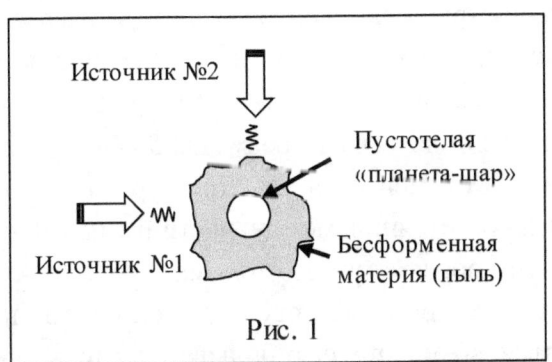

Рис. 1

холодная плазма используется в обычных газоразрядных лампах дневного света.

Учёные воздействовали на холодную плазму (рис. 1) двумя направленными электромагнитными колебаниями, расположенными друг от друга взаимно перпендикулярно (источник №1, источник №2). Проведя такой опыт с холодной плазмой, они доказали следующее: если на плазму, подверженную двойному электромагнитному полю, воздействовать мельчайшей материей (обычной пылью в опыте), то эта материя (пыль) собирается вокруг центра плазмы и образует определённые структуры веществ, только бесформенные, и при этом сам центр остаётся пустотелым шаром, а материя располагается вокруг него. Это нечто подобное образованию планеты.

При обычной комнатной температуре вокруг такого пустотелого шара образуется бесформенная кристаллическая структура твёрдого тела, вернее, подобие этой структуры, т.к. частицы, всё же, обладают большими размерами, по сравнению с атомами вещества. Обычная пыль в этом опыте представляет собой подобие атомов нашей материи. При комнатной температуре образовалась кристалло-плазма. Проявилась, как бы, самая плотная кристаллическая структура твёрдого вещества.

Если температура среды поднимается (в опыте, плазма подогревается обычной газовой горелкой), то подобие кристаллической структуры твёрдого вещества расширяется и изменяется на структуру жидкости, т.к. «кристаллическая решётка» раздвигается. Это уже получилась плазма-жидкость. Если же подогревать среду ещё больше, то подобие структуры жидкости меняется на структуру газообразного вещества, когда расстояние между частичками становиться ещё больше, – это образуется газо-плазма.

Конечно, этот опыт не довели до конца, т.к. надо бы было попытаться, возможно, ещё больше охладить внешнюю среду и получить будущую структуру материи – сверхтвёрдую материю, а ещё больший нагрев мог привести к плазменному состоянию вещества, но тогда возникла бы уже горячая плазма.

Таким образом, в двойном электромагнитном поле, подобным «свету», в зависимости от температуры внешней среды, можно получить несколько структур состояний материи, что, предположительно, подтверждает наши предположение об эволюции структуры материи:
- *Плазменное состояние материи (взрыв «света»), разряженный эфир;*
- *Газообразное состояние материи (образование «неба»);*
- *Жидкостную структуру материи (образование «морей»);*
- *Органическую (твёрдую) структуру материи (обретение разума);*
- *Будущую кристаллическую (сверхтвёрдую) структуру материи (обретение* сверхразума).

Этот опыт показывает нам, что структура материи, в данном случае кристаллическая решётка, будет существовать при любом агрегатном состоянии материи, при этом она или будет раздвигаться, при увеличении температуры среды, или уплотняться, при её понижении.

Если, например, минералы имеют определённую структуру в начале своей эволюции, то она остаётся точно такой же при любых температурных условиях, только в процессе эволюции она постоянно имеет тенденцию к уплотнению, т.к. температура среды постоянно уменьшается. Только типовые структуры, плазмы, газа, жидкости, органики стабилизируются и остаются таковыми даже при современных температурах.

Если обратиться к «Свету» Книги, то он у нас так же имеет, как минимум, два источника силы: пространство и время. Пространство – это сила Материи, Время – это сама Энергия. Мы получаем их взаимно-перпендикулярными и зеркальными по своим свойствам относительно друг друга.

Всё как в опыте и даже лучше. Это вполне может служить сотворению планетарных материальных форм из того типа материи, которая будет соответствовать температуре среды. А она у нас в разных циклах эволюции получается разной.

Конечно, то, что мы сейчас нарисовали, довольно упрощённая картина эволюции. Только мы пока остановимся на ней и разовьём эту тему, когда у нас появятся более серьёзные знания. Пусть пока эта «картина-версия» станет нашей отправной точкой, от которой мы будем отталкиваться при изучении возникновения и эволюции живых форм. Она у нас получилась, и мы далее её будет уточнять через другие имеющиеся у нас источники знаний.

Глава 2. Что мы вкладываем в понятие жизни?

Глобальная цель жизни

Прежде чем продолжить исследование версии зарождения жизни на Земле, нам надо более точно определиться с новыми открывшимися понятиями, например, что такое жизнь и какие существа можно отнести к живым формам? Какую глобальную цель в эволюции имеет жизнь?

Жизнь – это …

Здесь было бы уместным дать её точное определение, как это любит делать наш разум. Только мы этого делать не будем. Мы просто попробуем докопаться до истоков её глобальной цели и, однозначно, она напрямую связана с материальными формами Природы, которые та сотворила под себя.

Прежде всего, мы почему-то относим к живым только те материальные формы, которые «шевелятся» или двигаются по нашей планете. Даже одноклеточные организмы мы так же относим к живым формам. Но многоуважаемые философы утверждают, что всё на нашей планете является живым. Даже камни и те, по их утверждению, живые, только они не имеют возможности двигаться, которую не сумели обрести в процессе своей эволюции.

Жизнь для нас – это, прежде всего, движение, а если нет движения, то нет и жизни, но это не совсем правильно. Если снова вернуться к Материи, то за время эволюции она создавала различные формы, в том числе и минералов, которые имеют бесформенные тела и аморфную внутреннюю структуру. Это говорит нам о том, что они сознательные существа, имеющие определённую структуру формы, которая не распадается в пыль. От распада её удерживает «её» собственное сознание.

Любая структура материальной формы, даже самая простая, соответствует своему типу разума. Чем сложнее структура формы, тем сложнее разум она имеет и большим сознанием обладает [11]. Это утверждение даёт нам понять, что минералы также можно отнести к живым существам, имеющим стабильную материальную форму и свой «минеральный» разум – разум минералов. Он по своей структуре находится ниже клеточного разума. Минералы и растения можно отнести к «формам» низшего уровня жизни, которые не могут двигаться сами. Жизнь в них представлена в свёрнутом виде, как ещё не раскрытое «семя»: она уже существует, но ещё не проросла.

Исходя из вышеизложенного, можно предположить, что всё, что на планете имеет какую-либо материальную структуру, имеет соответствующий ей разум и, значит, является живым и разумным существом: минеральным, клеточным, растительным, животным и, наконец, человеком. У нас уже напрашивается некая общая цель эволюции: это создание всё более сложной структуры материальной формы, вмещающей в себя всё более сложный, тождественный ей, разум, обладающий всё большим сознанием. Например, человек, используя тело животного для своего существования, уже практически получил ментальный разум. Однако, его материальная форма, созданная по подобию Бога, способна достичь уровня Его высшего разума, который на порядок или два порядка превышает обычный разум человека. Только для этого структуру материи формы необходимо укрепить и усложнить, чтобы она не взорвалась от нового типа более энергетически сильного разума. Для этого человек и был создан.

Переход от мира Разума к миру Сверхразума и *наполнение его разумных материальных форм новыми супраментальными структурами можно считать глобальной эволюционной целью цивилизации*. Мы, в своём совершенстве, скрыто двигаемся именно к новому виду супраментального человека [1, 11]. Реальность его существования на планете была доказана ещё в 20-ом веке [1].

С понятием жизни мы вроде бы как-то определились. Но что может быть проще: дали бы нам вечную жизнь, и мы бы давно пришли к новому виду супраментального человека. Но нет, нас почему-то заставляют умирать и всё что мы достигаем в своей жизни, в этом случае, уничтожается. Но здесь возникает парадокс, ведь мы не можем свои достижения в разуме забрать с собой туда в мир смерти, или можем?

Скорее всего, что нет. Мы рождаемся снова совершенно «голыми» в теле и в разуме. Они у нас после рождения совершенно чистые, а так бы мы родились сразу же умными и совершенными. Это можно было бы принять как материальный ответ, но с духовной точки зрения мы сохраняем почти все свои предыдущие разумные достижения. Они сохраняются не непосредственно, как знания, но косвенно, только как способность к развитию, например, человека в следующем воплощении на основе той структуры разума, которой он достиг в прошлой жизни. Чем более мы достигли в разуме в этой жизни, тем проще нам будет его «добывать» в следующей. Поэтому одни из нас рождаются способными и даже гениями, другие – обычным человеком и даже людьми мало способными к развитию разума [11].

Зачем тогда нас заставляют умирать, если мы можем развиваться долгие годы? А можем ли мы это? Все мы знаем, что такое старость. Она «стоит» у нас перед глазами через наших бабушек и дедушек. Мы здесь чётко понимает, что когда-нибудь старость придёт и к нам. Она нас остановит, а разум даже отступит. Таков процесс жизни, который заканчивается смертью любой материальной и даже нематериальной формы.

В противовес жизни существует понятие смерти, с которым нам также надо поработать. Эволюции она зачем-то понадобилась, а то она давно бы от неё избавилась. Природе необходима смерть и не только нас, а всех материальных форм и даже минералов. Единственное, что она сделала бессмертными – это атомы, которые она использует как «кирпичики» для строительства своих материальных форм.

В чём же заключается для неё необходимость смерти?

Наше утверждение о том, что в противовес жизни существует смерть, несколько не верно. В *противовес жизни, как её противоположность, существует понятие жизни после смерти* [11]. Мы её можем пока только предположить. Смерть, скорее, имеет противовес в виде рождения. Оно действительно будет ей зеркальной противоположностью.

Наш мир устроен так, что мы не можем точно знать, что с нами происходит после смерти. Для нас эта информация полностью закрыта. Она разлагается вместе с нашим телом. Но в наш мир всё же прорываются знания о потустороннем мире, поэтому мы вправе предполагать жизнь после смерти, которую уже даже попытались доказать при помощи квантовой механики [9]. Получается, что все материальные формы после своей смерти переходят в потусторонний мир Времени, где существуют далее до нового перехода в наш обычный мир Пространства.

Понятие *смерти* можно и даже нужно совместить с понятием *рождения*. Живые формы пока не могут быть в нашем мире бессмертными. Мы уже говорили о том, что смерть необходима нам из-за косности и чёрствости «железобетонной» Материи, которая не может своевременно перестроиться под новые веяния эволюции и перейти на её новые структуры. Природа вынуждена разрушать старые негодные формы, чтобы создать новые, более улучшенные.

Все материальные существа, созданные до человека, уже не эволюционируют. Их формы совершенны и полностью соответствуют их типу разуму. Сегодня эволюционирует только человек. Дело в том, что его материальная форма пока, всё же, животного происхождения и соответствует животному виду. Ум, который мы должны получить, в эту форму ещё «зашёл» не весь. Нам пока более соответствует животный разум, его высший уровень, и «капелька» ума.

Если предположить, что животный разум соответствует жидкости, а ум, всё же, более твёрдый разум, то соотношение воды и органики в теле человека будет, приблизительно, 85% и 15 % соответственно. Это говорит о том, что ума у нас всего только 15%, и то это вместе с «костями», а должно быть, скорее, 85% и без «костей».

Представляете себе, сколько ещё нам необходимо «залить» в себя Разума!

Почему же мы утверждали в начале исследования, что человек достиг некоторого уровня ума, что наступила статика в его эволюции и даже начался обратный процесс деградации? Для Природы жизнь – это динамика и движение эволюции к совершенству, а жизнь после смерти – это статика, остановка, недвижимость, покой и мир. Если при этой деградации мы ещё живём, то это означает для нас, что мы способны эволюционировать далее. В противном случае, Природа бы от нас немедленно избавилась и создала бы другой вид. Здесь, скорее, можно утверждать, что материальная часть эволюции человека уже достигнута и заканчивается, поэтому и наступила статика. Следующий её этап, возможно, будет связан с духовной частью эволюции человека в мире Разума, к чему Природа нас сегодня скрыто готовит.

Что же тогда собой представляет смерть и рождение? Духовные источники говорят о них как *о смене сознания*, как о переходных процессах при смене миров: мира Пространства на мир Времени и наоборот. Они – как утро и вечер при смене дня и ночи. «День» для нас – это послеродовый труд ради материальной эволюции разума *при жизни*; «ночь» – это послесмертный отдых, после трудового «дня» эволюции, при *жизни после смерти*. Это конечно, уже вопросы более глобального характера, но прежде, чем их понять, мы снова вернёмся к материальной форме человека.

Законы инволюции Духа и эволюции Материи.

Материальная форма – это оболочка для разума и её структура соответствует тому разуму, который она сумела в себя «залить». Естественно, внутри материальной оболочки находится только тот разум, который она может в себя вместить. Оболочка и разум обязательно должны иметь тождественные структуры. Другого просто не может быть. Если, например, форма будет иметь одну структуру, а разум – другую, то явно возникнет дисбаланс между ними, который приведёт даже к смерти формы и её разрушению, как негодной для этого разума.

Нам, конечно, очень интересно знать, что мы собой представляем, как разумный человек, но не в плане физического строения тела, а в плане некоего внутреннего, разумного строения, которое связано с нашим разумом и даже с нашей Душою?

Для начала всё же обратимся к строению материальной формы и опишем её. Физическое строение тела человека – это структура материальной формы, состоящая из материальных органов, тканей, клеток, молекул, атомов, которая имеет единое тело, жизнь и разум. Она двигается, думает, чего-то желает, чувствует, имеет сознание, разум и т.п., но кто заставляет физическое тело всё это проделывать? Скопление атомов, молекул белков и углеводов, ткани и органы или само тело имеет такую возможность? Вряд ли. Тогда, что же заставляет её двигаться, думать, разговаривать, чувствовать, жить? Откуда берётся энергия для жизни формы и её движений? Откуда берётся разум, который всё это осуществляет?

Как много у нас возникло вопросов, как только мы коснулись понятий смысла жизни материальной формы. Можем ли мы на них сейчас ответить? Давайте для ответа на них представим себе эволюцию жизни и разума через совершенствование структур материальных форм на нашей планете. Может быть, после этого нам удастся полнее понять, что представляет собой наше тело, жизнь и разум? Зачем они даны нам, хотя бы в той материальной форме разумного человека-животного, которую мы сегодня имеем?

Итак, как эволюционировала материальная форма на планете? Она прошла свою эволюцию от некой нулевой «точки», точечной структуры до современного состояния многоклеточного существа. Постепенно, «точки» сложили атомы, те – молекулы, те – клетки, далее пошли ткани, органы и, наконец, само тело. Эволюция формы могла происходить именно в такой последовательности: от множества «точек» через множество клеток к единому телу. Кто заставляет эти «точки» вдруг складываться в единую форму? Какая сила удерживает их в форме и не даёт им рассыпаться в пыль, пока мы живём? Может ли сама Природа осуществлять это?

Материя развивается в своей эволюции, как мы описали ранее, от множества «точек» к единству их в форме. Почему вдруг возникло такое направление эволюции в Материи? Создание в ней сложных материальных структур невозможно без создания простых элементарных «кирпичиков» для них, например, атомов. Материальная эволюция идёт по принципу строительства пирамиды: от простого к сложному. Но даже здесь нам непонятно, если иметь в виду только одну материальную эволюцию, отбросив всё остальное, то как Материя через Природу вообще структурирует сама себя и по какому принципу? Как, например, она сумела сотворить цветок розы, не видя его перед собой? Эти вопросы наводят нас на мысль о возможном существовании некоего невидимого эталона для структур Материи, на который она всё же ориентируется. Он скрыт от нас, и мы ничего о нём не можем знать, а только можем предполагать его наличие и присутствие.

В Книге, рассмотренной нами ранее, утверждается, что всё, что мы имеем в мире, сотворил Бог практически в единое касание и сразу же в готовом виде. В Материи же мы наблюдаем такой длительный процесс эволюции на себе. С одной стороны – уже всё готово, а с другой – долгий поиск необходимых материальных структур. Книга, как оказывается, описывает нам только вторую часть процесса эволюции – это её духовная часть, имеющая отношение к Духу (Богу), которая развивается в противоположном направлении. Из Книги мы видим, что Бог себя Единого стал разделять и создавать материального Трансцендента, состоящего уже из множества материальных элементов. Духовная часть эволюции, скорее, инволюции будет иметь противоположное Материи направление: от единого Духа к одухотворённому множеству Его элементов в их единстве.

У нас эти два процесса пока разъединены. На самом деле, единение структур материальной формы и тождественных ей, но зеркальных, структур её духовной части даёт некоторый объединённый результат, который мы называем разумной материальной формой. Разум у нас получается двойным: первый, имеет отношение к материальной части разума, как внешний разум, созданный Природой; второй – к духовной части разума, как внутренний разум, развёрнутый через Духа. Мы их в себе имеем обоих [11].

Только мы их сами, своим же разумом, между собой разъединили: если мы используем, как материальные существа, только внешний разум, то не ощущаем в себе внутреннего и, наоборот, если используем внутренний разум, как духовные искатели, то должны забыть о внешнем. Это искусственное разделение создаёт наш разум, который получается двойственный по своей структуре: или там, или здесь. Механизмов единения противоположностей, а Материя и Дух существуют в нашем мире как две противоположности, в нём нет.

Материальная форма в своём развитии имеет *последовательный закон эволюции* Материи, от множественных клеточных структур к единому телу. «Духовное тело» в своём «развитии» имеет *параллельный закон инволюции*. Это означает, что формы Духа появляются в любом мире все параллельно и сразу по времени. Это подтверждает нам Книга. Сразу же появились суша и моря, растения, пресмыкающиеся, животные и даже мужчина и женщина. Даже «светила» в нашем небе возникли в один миг «за один день». Это подтверждает, что первые «6-ть дней» сотворения мира имели под собой только духовную основу – это всё были нематериальные формы Духа. «7-ой день» более приближен к материализации сотворённых форм Духа в Материи. Этот день был одухотворён потому, что он принадлежал уже не Богу, а Материи. Он её благословил на эволюцию, а сам в это время «отдыхал», создав за первые «шесть дней» для неё эталон.

Возникает вопрос, что в нашем материальном теле может развиваться по закону инволюции Духа от Его единого тела к множественной одухотворённости, может быть, клетки? Кроме клеток в нашем теле никакой множественности больше нет. Мы не будем пока опускаться до молекул и атомов. Они не являются «кирпичиками» для строительства нашей материальной формы. Для тела именно клетки являются таким начальным строительным материалом. Поэтому, говоря о какой-то элементарной одухотворённой частице Духа в теле, кроме как самих клеток тела, мы более здесь ничего не можем найти. Получается, что где-то внутри нас должна была бы иметь место духовная часть формы, которая бы осуществляла в ней закон инволюции Духа.

Духовная часть формы человека должна иметь какой-то свой источник, который её создаёт и поддерживает. Мы можем найти в себе только один такой источник, о котором мы имеем духовные знания, – это наша Душа. Духовные источники утверждают, что она является частицей Бога и имеет с ним непосредственный контакт. Мы примем это, как духовное знание, и не будем его отбрасывать. Через одни материальные знания нам своей эволюции не понять.

Если мы их принимаем, то тогда возникает в начале эволюции Единый Дух (Бог по Книге «Бытие»), который сам себя начинает делить на множество, создавая материального Трансцендента. Можно привести такой пример дробления Духа, который Он произвёл на планете Земля. В начале нашей эволюции должен был существовать некий *Единый Дух Земли*. Далее Он постепенно «рассыпается» на более мелкие свои образования. Например, Дух суши, Дух воды, коллективный Дух растений. Дух суши далее дробиться на Дух гор, Дух равнины, Дух оврага и т.п. Дух моря (воды) дробиться на Дух океана, Дух моря, Дух реки, Дух озера и т.п. Коллективный Дух растений образовал Дух поля, Дух леса, Дух степи и т.п. Это всё ещё довольно массивные образования, которые эволюция дробит на ещё более мелкие образования до Духа конкретного вида животных, различных тварей и птиц. Наконец, последнее дробление Духа приводит его к индивидуальному Духу человека, который называется *индивидуальной Душой*. Мы пришли от Единого Духа Земли, через Духов суши и воды, Духов гор, лесов, полей, животных к множественным индивидуальным Душам людей, к множественным частицам единого Духа, которая уже сама состоит из своих множественных духовных атомов, кварков, бозонов и т.п. [9].

Мы наткнулись на новые знания о Духе, который теперь предстаёт перед нами, как и Материя, многоуровневым и раздробленным. Он получается, в этом дроблении, бесконечным, каким и должен быть в своей структуре. Но Он состоит на каждом своём уровне, как бы, из завершённых модулей элементарных структур Нави, соответствующих конечным структурам [9].

Давайте это проверим: Единый Дух Земли рассыпается до индивидуальной Души человека. Человек, так же, имеет единое тело, которое распадается до клеток и даже на атомы, уже являющиеся для нас неделимыми. Если после смерти наше тело распадается, то ниже уровня атомов оно не рассыпается. Значит, аналогично телу, у нас имеются другие уровни Духа: Душа человека – дух клетки; дух клетки – дух атома. Если попытаться пойти выше Земли, то можно выстроить новый модуль: от множественных Душ людей – к Духу планетарной системы; от множественных Духов планетарных систем – к Духу галактики; он них – к Духу вселенной, от них – к Духу Трансцендента. Можно опуститься и ниже атомов: от единого Духа атома – к множественным Духам неких первичных частиц Материи, например, к Духу кварка, к Духу нейтрино и т.д.

В чём заключается смысл всего этого духовного дробления вниз и вверх деволюции Духа?

Останавливаясь на человеке и ставя его в «центр» вселенной, мы получаем два тождественных модуля Духа: один модуль поднимает нас к Трансцеденту: от Души человека к Духу Трансцендента, а другой – опускает нас до наших клеток: от Души человека к Духу клетки. Как мы видим, в центре их соединения находится наша Душа, от которой мы движемся как вверх к Трансценденту, так и вниз к клеткам.

В одном случае, человек – это «неделимая» частица некоего большего образования, которое складывается из всех земных материальных форм (?), а в другом случае, мы сами являемся тем Единым, который складывается из индивидуальных частиц – клеток (миниатюрная вселенная). Действительно мы получаемся миниатюрным трансцендентом для клеточного уровня, и тут же мы сами являемся, например, «атомами» большего Трансцендента.

Причём все эти модули Духа, предположительно, должны между собой иметь полное тождество; они как бы равны друг другу, только имеют разный уровень Пространства и Времени и, возможно, некую единую структуру, которая незначительно может отличаться. Вся разница в размерах между ними заключается в разных уровнях Пространства и Времени, а если их привести к одинаковым значениям Пространства и Времени, то они, возможно, окажутся полностью тождественными, но это ещё требует подтверждения.

Вот такой парадокс Духа и Души у нас получился, но он нам может помочь понять наше истинное предназначение в этом мире, к которому мы всё ближе подбираемся, ведь без полного понимания как материального, так и духовного строений человека мы не сможем понять свою истину существования.

Реакция Материи на инволюцию Духа.

Сложный духовный принцип инволюции (нисхождения) «Духа Божьего» в Материю (материализация Трансцендента) нам стал более или менее понятен. Этот процесс начинается тогда, когда Он соединяется с Материей, когда возникает «Свет» по Книге. Этот «Свет» и есть, структурно, весь «виртуальный» Трансцендент. Далее, Он материализуется в Материи посредством Силы Духа.

Нам надо теперь перейти от инволюции Духа к эволюции Материи и понять то, каким образом и как «Свет» структурно влияет на Материю. Как получается, что движение Духа к разъединению приводит к зеркальному движению Материи к объединению? Так, каким же образом Материя эволюционирует, опираясь на инволюцию Духа?

Мы уже знаем, что Материя зеркально отображает в себе все структуры Духа, которые через «Свет» и Его Силу разворачиваются из «Духа Божьего», наполняясь материей. Его структуры развёртываются последовательно по планетарным уровням (9) и параллельно по формам и мирам Духа, и зеркально в Материи – параллельно по планетарным уровням и последовательно по формам и мирам.

Итак, световые структуры развёртываются в Духе последовательно по планетарным уровням Пространства и Времени и параллельно внутри них. Структуры одного из миров Духа возникает сразу же, когда начинает развёртываться какой-либо планетарный уровень. Поэтому мы имеем всего «7-ть дней» на их развёртывание[4]. Дух полностью развёртывается практически мгновенно, структурируя своими формами «Свет». В Материи миры и формы внутри планетарного уровня развёртываются последовательно, но одновременно на всех уровнях, если мы имеем её как противоположность Духу. Тогда мы получаем ровно семь уровней Пространства и Времени, семь миров:

7 – *Трансцендент;*
6 – *вселенные;*
5 – *галактики;*
4 – *планетарные системы уровня Земли;*
3 – *планетарные системы Души человека;*
2 – *атомные системы;*
1 – *сублиминальные системы [9, 10].*

---

[4] Планетарные уровни: 1 – сублиминальный; 2 – атомный; 3 – планетарной системы души человека; 4 – солнечной системы; 5 – галактики; 6 – вселенной; 7 – трансцендента.

Например, до разъединения – «Дух Божий» был единым целым Трансцендентом (7-ой уровень). Материя отражает Его в себе зеркально таким же целым, получая первый единый, например, субэлемент (1-ый сублиминальный уровень). Далее, Дух, структурно переходя в «Свет» и расширяясь, делиться надвое, на две вселенные (6-ой уровень). Материя, расширяясь вслед за «Светом», тут же делит свой первый элемент на два и получает уже два подобных субэлемента, которые вместе уже образуют 2-ой уровень. 4-и субэлемента (два поделённых субэлемента 2-ого уровня) дают 3-ий уровень, 8 – 4, 16 – 5, 32 – 6, 64 субэлемента – 7-ой уровень. 128 субэлементов уже не дадут 8-ой уровень, потому что Материя их отразила зеркально из «Духа Божьего», а в Нём их – только 7-мь уровней. Деление более 7-ого уровня не происходит, хотя мы всё же можем вести речь о 8-мом уровне, который является первичным и элементарным для всех остальных, ведь сублиминальный уровень так же из чего-то должен быть сделан?

Это деление по планетарным уровням представлено нами условно, и оно по численному наполнению может быть другим. Скорее всего, это будет не двоичная, а четверичная и более последовательность. Мы не будем пока влезать в эту эволюционную математику. Для нас главное – это понять принцип развёртывания планетарной эволюции.

Итак, далее Материя последовательно наполняет все эти, пока только обозначенные, миры своими формами, естественно время их наполнения будет разным. Здесь всё жёстко связано со скоростью «Света» и время инволюции Духа и эволюции Материи зависит только от него. На каждом из 7-ми уровней Пространства и Времени существует своя скорость света [9], в соответствие с которой он наполняется Материей. Дух структурно развёртывается, как Энергия Времени, быстрее форм Материи в Пространстве на величину квадрата скорости света – C^2 [9].

Получается, что Материя не только формирует и совершенствует формы живых существ, но полностью пытается копировать Дух. Получается, что существует как бы «Истинный Дух», разворачиваемый «Духом Божьим», и материальный «Дух», формируемый самой Материей через Природу, зеркально скопированного ей с «Истинного Духа».

Природный Дух всё ещё пока несовершенный и находится в стадии становления, как и сами формы Материи, поэтому мы имеем такой несовершенный мир и человека. Мы увидели в этом главную цель своей эволюции – это материализация «Истинного Духа», а если перейти к обычному человеку, то – «истинного Человека». Только что Он собой представляет?

Планета Земля и всё, что на ней находится и есть будущий материальный Дух, который находится в стадии становления. Конечно, нам не очень-то понятно, как планета Земля может быть Духом? Дело в том, что человек точно так же имеет в себе двойную структуру: с материальной стороны, он – обычный человек, имеющий материальное тело из клеток (3-ий уровень); с духовной стороны, он – индивидуальная Душа, которая является планетой в планетарной системе Души, имеющей своё Солнце (3-ий уровень) [11]. Точно так же планета Земля является духовным выражение Духа (его Душой) в виде планеты геоцентрической планетарной системы Земля (4-ый уровень) [9]. Естественно, должно существовать и материальное тело Духа (4-ый уровень), и оно у нас получается уже галактического характера [11]. Если человек 3-его уровня живёт на планете 4-ого уровня, то Он, как живое существо 4-ого уровня, должен жить на 5-ом галактическом уровне.

Если идти ещё далее, переходя ближе к человеку, то он получается некой разумной частицей материального Духа. Человек, единственный на планете, обладает разумом. Следовательно, вся цивилизация и есть единый разум Духа 4-

ого уровня, который находится в становлении. Человек получается индивидуальной ментальной частицей 3-го уровня некоего большего божественного разума 4-го уровня.

Если сегодня эволюция развивает только материальный разум человека, то можно предположить, что материальное тело Духа уже должно быть готово. Оно подобно телу человека, т.к. Бог сделал нас по своему подобию. Отсюда вытекает наше предназначение в эволюции – это обретение всей цивилизацией Высшего разума Духа, которого далее уже можно будет назвать Богом [1].

Если материальное тело Бога уже готово, то его разум будет пока таким же материальным. Наша эволюция пока материализует Дух в Пространстве. Но это не весь Дух. Он ещё имеет своё продолжение во Времени, а это уже – тонкое тело Энергии и духовный разум Времени. Вот здесь мы приходим к пониманию, что эволюция человека здесь ещё не началась или только-только начинается. Мы теперь имеем задачу одухотворить материальное тело Бога и дать Ему духовный разум. Это будет следующим, ближайшем этапом нашей эволюции.

Но и это ещё не всё. Мы пока эволюционируем на трансцендентной «земле», в нижней полусфере и пока полностью забыли о верхней полусфере, трансцендентном «небе» по Книге. Материальный Бог у нас получается не полным. Граница перехода между полусферами – есть библейские Небеса. Без их достижения мы не сможем полностью материализовать Дух в формах Материи.

Переход в верхнюю полусферу в мир Сверхразума произойдёт обязательно. Это должен осуществить человек, который сегодня является высшей ступенью эволюции. Он должен, на этой основе, стать новым видом супраментального человека, обладающим сверхразумом [1]. Через нас его обретёт и Бог. Только тогда можно будет говорить об полном окончании материализации Бога на планете Земля. Но и она должна стать другой и превратиться сначала из ментальной в одухотворённую планету, а далее – в супраментальную планету.

Такое будущее со сменой структуры Материи всей планеты и нашего мира скоро ожидает нас. Предыдущие цивилизации этого не сумели достичь и поэтому исчезли, как не способные к дальнейшей эволюции. Сегодня нам предстоит это осуществить или последовать за ними.

«Истинный Человек»

Но если есть точная «копия» Бога в Духе, то почему Материя медлит и так затягивает эволюцию?

Мы предполагаем, что Материя ещё полностью не соединилась со Светом Духа. К тому же Она «слепа» и не видит Света, а только ощущает Его силовое воздействие на себе, которое и является для неё эталонным. Человек сегодня является «глазами» Материи, как её высшая разумная форма. То, что видим мы, то видит и Она. Из-за нашей «слепоты», не видя «Света», копия получается пока ещё несовершенной. Ей ещё трудно улавливать новые тонкие духовные структуры. Она пока двигается в эволюции на ощупь.

«Истинный Бог», из-за двойственности нашего ума, раздвоился на самого Бога и Его зеркального антипода. Антипод означает ту часть Бога, которая ещё является несовершенной, и которая требует дальнейшего изменения и преобразования в светлые структуры или уничтожения. Материя вынуждена была Его создать для того, чтобы через сравнение с ним найти и материализовать «Истинного Бога», который ей и «откроет глаза». Естественно, когда она станет «зрячей», ей этот антипод уже будет не нужен, а за ним стоят люди! От такого неточного копирования Материей «Света» в нашем мире возникают противоречия, страдания, горе и сама смерть.

Такой вывод не совсем приличен для наших религий, потому что современный Бог создан самой Материей, и самой Материей создан Его антипод. Это уже прерогатива двойственности нашего материального ума: если есть добро, то по его закону, обязательно должно существовать и зло в тех же самых пропорциях и структурах. Если существует материальный Бог, то должен существовать и отрицательный персонаж – Его антипод. Только тогда, когда мы избавимся от двойственности нашего Разума и поднимемся над ним, мы придём к Единому Истинному Богу даже в Материи.

Сегодня Бог – это тождественная «Истинному Богу» часть материального Бога, которая соответствует Его полной Истине. Его так же поддерживают люди, но уже светлые и чистые. Но даже они ещё не до конца стали тождественны «истинному Человеку». Их совершенство как «истинного человека» закончится только тогда, когда они себя полностью одухотворят, т.е. пройдут духовную часть эволюции. Она закончится тогда, когда мы проявим и материализуем Небеса на планете Земля с их Богами и Святыми.

«Истинный Бог» – это не есть Бог Небес мира Разума, а это – Бог более высокого уровня мира Сверхразума, который не имеет подобной нашему Разуму двойственности и значительно превышает Небеса. По мере совершенствования мира Разума, мы также должны прийти к новому миру Сверхразума, который обязательно проявится на нашей планете.

Выводы эти, конечно, – поразительные, но правильное понимание процесса эволюции поможет нам действительно отыскать её Истину. Если Свет содержит в себе всё строение Трансцендента, то Материя «слепа» и ничего не знает об этом, как мы говорили ранее. Она просто чувствует на себе его силовое воздействие и сначала формирует «пустого» материального Духа, который не содержит в себе «ничего». Понимая то, что Он должен быть чем-то наполнен, Материя создаёт множество, если не сказать, что все возможные варианты, простых материальных форм внутри материального Духа: минералов, растений, животных, человека. Постепенно эта структура, с приближением Света к Материи, уточняется и ненужные формы отбраковываются.

Качество и точность форм определяется очень просто: если форма обладает *любовью к Богу*, то она – истинная, если нет, то – ложная. Критерий оценки правильности структуры формы простой – это Любовь, вернее энергетическая связь с Источником Света – Богом. Если форма обладает способностью любить, то эта форма находится близко к структуре истинной формы и обмен энергией между Богом и формой «положительный», если нет, то это уже будет напрямую связано со страданиями, а значит существующая форма – неистинная. Обмен энергиями, в этом случае, становится «отрицательным», что и приносит нам страдания, горе, агрессию, ревность, гнев и т.п. Все наши страдания говорят о несовершенстве, в нашем случае, чего-то внутри человека.

В целом человек уже существует на планете и создан по подобию Бога, а вот внутри он всё ещё несовершенен и подобен животному. Тонкие структуры в нём всё ещё Природой дорабатываются. Обретение контакта с Богом говорит уже о нашем начавшемся духовном совершенстве. Полное единение с Ним – конец этому совершенству. Тогда человек обретает в себе Бога и становится Им. Как только мы теряем такой энергетический контакт с Ним, то мы полностью теряем понятие любви и блаженства. В этом случае мы переключаемся на контакт с Его антиподом, что и приносит нам страдания и горе. Мы можем быть или только с Богом или только с Его антиподом. Среднего здесь не дано. Даже человеческую Душу Природа отразила зеркально, и мы имеем её отражение в виде ложной «души» желаний [11], которую мы часто принимаем за истинную Душу.

Здесь возникает вопрос: как же тогда существует «Свет», который возник в результате соединения с Материей, если мы утверждаем, что полного соединения между ними пока нет?

Да, «Свет» может существовать только до тех пор, пока нет полного единения между Духом и Материей, поэтому и происходит такой разряд энергий Духа в Материю в виде структурированного божественного Света и обратно. Этот «разряд» энергии необходим для жизни, что даёт длительная аннигиляция «Света». Если произойдёт их полное соединение, тогда весь «Свет» станет материальным и как таковой перестанет существовать и мы, возможно, получим *светящуюся одухотворённую Материю, обладающую Силой Духа, – материального Трансцендентного Бога*. В этом случае возникнет некое новое *третье состояние Материи*, о котором мы пока говорить ничего не будем, но которое *соединит в истинной единой структуре Материю и Дух, добро и зло* [1].

Может быть, это как раз и будет структура материи супраментального человека мира Сверхразума, который это осуществит? Но это пока для нас ещё очень далёкое будущее. «Свет» будет аннигилировать до тех пор, пока не развернёт полной структуры Трансцендента до самых тонких структур сублиминального уровня.

«Дух Божий» не может полностью соединиться с Материей, т.к. его соединение будет равносильно короткому замыканию и прекращению развёртывания «Света». Это для нас будет означать конец эволюции и полное разрушение. В этом случае произойдёт крах цивилизации и всей вселенной. Так что, пока существует «Свет», наша жизнь будет продолжаться и эволюционировать в этой двойственности нашего разума. Только в конце развёртывания «Света», когда вся энергия «Духа Божьего» перейдёт в Материю возникнет цивилизация сверхразумного человечества, которая будет жить вечно в новом состоянии «*божественной Материи*».

Мы пришли, вернее, подходим к *индивидуальному материальному одухотворённому существу с индивидуальной Душою*. Это похоже на заключительный этап нашей эволюции в мире Разума, но не в мире Сверхразума, где она будет протекать бесконечно долго.

Единство Духа и Материи в мире Сверхразума, а только в нём возможно такое единение, приведёт нас к божественному сверхразумному человечеству.

Эгоистичное «я» человека, как эволюционная необходимость

Последний эволюционный переход в нашем материальном прошлом от животного к человеку или последнее инволюционное разделение Духа привело нашу планету к новому миру Разума. Венцом его создания стал человек-ума, всё ещё использующий животное тело для своего существования в этом мире.

Как мы понимаем, что наше физическое тело – это временное явление, которое приведёт нас к более совершенной материальной форме, соответствующую будущему уровню разума. Даже это животное тело позволяет нам утверждать, что человек ещё не закончил свою эволюцию и является пока только переходным видом между животным миром и неким сверхразумным человеком, который должен стать венцом нашей человеческой эволюции.

Зачем Материи понадобилась индивидуальность формы, это животное физическое тело? Понятно, что к этому её привёл Дух, который развернул в «Свете» индивидуальную Душу. Далее Материя была просто обязана дать ей свою материальную форму. Дело в том, что Душа без тела в нашем материальном мире существовать не может. Без тела она просто растворяется во вселенной и перестаёт существовать.

Для удержания и сохранения индивидуальной Души и был создан «из праха земного» животный человек. Естественно, индивидуальная Душа тут же начала изменять животного человека под себя, заставляя его совершенствоваться к более высокому уровню разума. Он обрёл разум не просто так, съев плода с *«дерева познания добра и зла»*, а в виду эволюционной необходимости.

Только ментальный разум, полученный животным человеком через его Душу, мог сделать его индивидуальным существом, отличным от животных. Здесь мы имеем какую-то скрытую от нас цель Духа в создании индивидуального существа со своей собственной индивидуальной Душою. Такой ментальный человек получается каким-то отделённым от самого Духа, но являющимся, через индивидуальную Душу, таким же «духом», только индивидуальным и самостоятельным. Он, хотя и индивидуальный, но не оторванный от Духа и един с ним. Эта индивидуальная Душа и есть в нас наше истинное «Я»! Оно пока от нас скрыто нашим несовершенным разумом со своей эгоистической и индивидуальной буквой «я».

Здесь нам приходит на ум символическое значении семени для растения, где индивидуальная материальная форма нужна Духу для того, чтобы она стала в будущем его «семенем», предположительно, для создания нового «Духа Божьего» (!). У растения индивидуальность есть и в листьях, и плодах, и цветках, но не все они могут развернуть новое растение, а вот его «семя», которое так же индивидуальное, может. Поэтому наша аналогия с растением говорит нам о нашем возможном назначении в эволюции!

Это назначение человека в эволюции – это стать равным Богу, как было сказано в Книге, т.е. стать Творцом новых миров!

Для того чтобы произошла полная индивидуализация формы с божественным «эталоном» истинной индивидуальной Души человека, Материя зеркально отражает её в своих собственных формах и создаёт в человеке уже свою, скопированную с Души, материальную «ложную душу» [11]. Именно она даёт нам, в начале нашего человеческого цикла, такую же «ложную» частицу «я» и человек получает имя, которого у животных нет. Она зеркально, как может, копирует истинное «Я» Души, но, естественно, создавая, как бы её противоположность, тёмную, эгоистическую и тщеславную составляющую нашего разума. Получив «ложную душу» в материальной форме, мы через неё начинаем отличаться от животных и становимся разумными индивидуальными существами: «я – человек!», отделяя себя этой фразой от остального мира.

Развитие эгоизма и тщеславия формы в начале эволюции разума привело нас к индивидуальному существу – человеку. Они были в начале разумного цикла эволюции, для получения индивидуальности человека, просто необходимы. Его обособление от окружающего мира и существ было эволюционной необходимостью.

На современном этапе эволюции, а именно уже сегодня, наше эгоистическое «я» полностью выполнило свою миссию, обратив нас лицом к Материи. Мы стали полностью материальными существами и выполнили эволюционную задачу становления материальной индивидуальности в форме. Теперь «я» стало сильным препятствием на пути к нашему божественному будущему.

С началом духовной части эволюции, которая уже начинается, мы должны вернуться к нашему истинному «Я», единому со всем миром и даже с Богом. Теперь от индивидуального разъединения мы должны прийти к индивидуальному духовному объединению со всем миром, видимым и невидимым. Но мы не должны раствориться в нём, а остаться, благодаря индивидуальной материальной форме, индивидуальными существами.

Этот *закон Эго* в нашем ближайшем будущем должен быть преодолён, а на его место ожидается приход нового принципа, который можно обозначить как принцип *«Само»* [5]. Человек должен стать: самосуществующим, самосовершенствующимся, саморазвивающимся и т.д. Пик эволюции будущего человека – это *божественный супраментальный человек,* который будет нести в себе добро, любовь, счастье, свободу, истину, гармонию, красоту и т.п. Ему предстоит создать точно такую же «божественную» сверхцивилизацию.

Посмотрите внимательно на нашу цивилизацию в плане структуры общества. Мы там пока находим государства, нации, рода, семьи, т.е. некоторые коллективные составляющие Духа, всё ещё довлеющие над индивидуальной составляющей человека. Между нашим обществом и индивидуальной свободой человека всегда присутствует некоторое противоречие и постоянная борьба за первенство. Если идти до конца в наших размышлениях, то конец эволюции наступит только тогда, когда человек станет полностью индивидуальным и, в полном смысле слова, свободным от понятий государства, нации, рода и даже семьи.

Получается, что все коллективные составляющие человеческой цивилизации в будущем должны или исчезнуть, или стать другими. Останется только индивидуальная составляющая жизни, но единая и гармоничная со всем остальным человечеством. Даже, возможно, возникнет понятие некой единой нации, единой общности землян, *как братьев и сестёр.*

Можно предположить, что будущий человек будет высоко духовным существом, полностью свободным и управляемым божественной Душою. В своих действиях он будет руководствоваться только её позывами, а не своим разумом, который приносит нам одни страдания и стал препятствием на пути дальнейшей эволюции.

Наш разум в будущем нельзя отрицать, но он станет только послушным инструментом для нашей Души. Разум станет исполнять и материализовать её веяния, но ни чего более. Нам не надо забывать о том, что духовность приведёт нас уже совсем к другой жизни без страданий, горя, болезней, т.к. они просто станут ненужными и исчезнут навсегда. В будущей жизни останутся только духовные составляющие: Счастье, Любовь, Истина, Блаженство, Гармония, Красота.

Можно так же предположить, что будущий человек будет жить в едином государстве и все остальные люди будут его «родственниками». Если мы будем жить вечно, то так и случиться. Получается, что будущее Земли представляется следующим: это будет единое государство с единой нацией с единым родом и свободным человеком в своей семье, если она ещё будет существовать.

Возможно ли это?

Духовные источники уже сейчас всех нас называют «братьями» и «сёстрами», т.к. мы все вышли из одного единственного Духа, который всех нас «породил». Материя же, через наших физических родителей, только облекла нас в материальную форму. Всё человечество представляет собой, в сумме, единого Духа, который обрёл материальное тело в форме человеческой цивилизации. Мы в своей массе все едины. Каждый из нас несёт в себе какую-то индивидуальную часть этого единого материального Духа.

Только нужно иметь в виду, что Природа создаёт в начале эволюции много лишних форм, затем Она их отбраковывает и ненужные формы уничтожает. Человек здесь не исключение. Наша цивилизация сегодня очень сильно разрослась. Естественно, далее Природа оставит на планете только тех людей, которые будут едины с Духом и тождественны Ему. Таких людей Библия называет избранными. Выбор остаётся, вроде бы, за нами.

Глава 3. Компоненты эволюции и инволюции

Для эволюции и инволюции у нас есть только две начальных составляющих компоненты – это божественный Свет, соответствующий Духу, и бессознательная Материя. Эти две компоненты пока для нас представляют сложность. Мы ещё не получили о них знание и это не даёт нам возможности полностью понять весь процесс эволюции и его «механизмов».

Мы уже знаем, что Дух и Материя в нашей эволюции до сих пор ещё между собой разведены и не соприкасаются друг с другом. Они пока существуют отдельно друг от друга, но с каждым витком эволюции они подходят всё ближе и ближе. Это до сих пор позволяет им получать божественный Свет, благодаря которому для продолжения эволюции у Материи есть эталон для формирования материальных форм и энергия для их жизни.

Мы уже ранее исследовали божественной Свет, но его состав и структура до сих пор для нас представляют большой интерес. То же самое можно сказать о бессознательной Материи, которая является зеркальным отражением сознательного Духа. В отличие от сознательного Духа, она почему-то, как утверждают духовные источники знаний, является бессознательной. С ними мы сейчас попробуем разобраться и более глубоко их исследовать. Нам необходимо понять, что они собой представляют?

Божественный Свет Духа

Мы предполагаем, что божественный Свет (далее Свет) нематериален по своей природе. Он обладает некоторым количеством «тонкой» материи для своего начального развёртывания и не имеет ни Пространства, ни Времени, кроме, возможно, каких-то их первичных значений. Если из обычного света, который мы имеем в нашем мире, убрать пространство и время, материю и энергию, то во что он тогда превратиться?

Это даже трудно себе представить. Мы можем сказать, что тогда обычный свет просто перестанет материально существовать. Но он не исчезнет, как мы это можем предположить, а превратиться *в чистую структуру*, которая свернётся в маленькую невидимую точку, потому что какие-то мизерные параметры пространства и времени, материи и энергии в нём всё же останутся. Божественный Свет, в аналогии с этим «пустым» обычным светом, является такой чистой структурой наполненной божественной энергией, поэтому он нам не виден. Но он существует и пронизывает собой весь мир.

Принцип структурного построения Света, возможно, *такой же, как у семени растения*. В нём есть некоторый «зародыш» – «Дух Божий», содержащий в себе всю структуру Трансцендента и две «семядоли» – две полусферы, как мы это указали ранее. Только он «прорастает», в отличие от семени, сам в себе, в этих двух полусферах.

Обычный свет в нашем материальном понимании, это, прежде всего фотоны света. Поэтому мы сделаем предположение, что и Свет содержит в себе суммарную чистую структуру всевозможных фотонов, неким образом структурно «переплетённых» между собой. В его составе может находиться основной фотон света, объединяющий все элементы Света, и множество других, внутренних фотонов, которые разворачивают всю сложную, световую структуру Трансцендента.

Развёрнутый Свет, возможно, имеет такие же параметры, как обычные фотоны света, только его временно-пространственные характеристики занимают весь возможный частотный диапазон, но только тогда, когда они наполняются Материей и получают пространство и время. То, что мы видим вокруг себя – это уже проявленная часть Света в Материи. Остальная Его часть ещё эволюционным путём проявляется. Свет всё ещё развёртывает свою структуру в Материи.

Изначальный Свет можно сравнить со световым изображением картинки на экране телевизора. Если в современном телевизоре отключить развёртку изображения на экране кинескопа, то тогда мы получим точно такую же «точку Света», которая вроде бы не имеет изображения, но в которой есть всё это изображение, только оно не развёрнуто – это символическое подобие «Духа Божьего».

Свет, в начальный момент, как это ощущает Материя, содержит в себе только основную первичную структуру и он, можно сказать, для неё «пустой»; он содержит в себе *структуру* всех электромагнитных колебаний, но без наполнения их материальными частицами и энергией. Откуда в этой «точке» Света берётся такое огромное Могущество, нам пока остаётся только гадать.

Давайте снова вернёмся к телевизору. Если мы отключаем развёртку кинескопа (в старых телевизорах), то в центре экрана появляется точка, которая содержит в себе всю структуру полного изображения. Она может даже прожечь экран. В этой точке находится вся энергия, которую хватит для развёртывания полного изображения. Получается, что сумма энергий всех точек развёртки экрана при полном изображении будет находиться в той точке без развёртки. Вероятно, тоже самое мы имеем в Свете, который обладает некоторой Силой. Но при его расширении, развёртывании и материализации он будет постепенно переходить в Материю, соединяясь с Ней.

То же самое, символически, связано с плёночной фотографией. Допустим, что фотография снята, но не проявлена, хотя изображение на плёнке уже есть, но оно пока невидимо нам. Когда мы начинаем проявлять фотографию, то на ней сначала возникают некоторые глобальные, но не чёткие, изображения, которые постепенно обрастают мелкими деталями. Точно таким же образом проходит наша разумная эволюция. Сначала мы глобально получаем разум, а затем он постепенно обрастает внутри нас тонкими «деталями». Точно таким же образом Свет работает с Материей.

Он, как и Материя, имеет в себе семь уровней, только они отображены в нём зеркально:
1. *Трансцендент;*
2. *Вселенные;*
3. *Галактики;*
4. *Планетарные системы подобные Земле;*
5. *Планетарные системы подобные Душе человека;*
6. *Атомные системы;*
7. *Сублиминальные системы.*

Кроме этого, Свет развёртывает их одновременно и параллельно, а не последовательно, как Материя. Трудно описать это развёртывание Света, но мы попытаемся. Символически представим себе обычную рыболовную сеть, имеющую разные по размерам ячейки. В начальный момент, она свёрнута в «точку». Но мы понимаем, что это сеть – это свёрнутый Трансцендент – «Дух Божий». Далее мы начинаем разворачивать сеть и уже видим её большие ячейки, хотя они ещё искажены – это вселенные. Так, постепенно развёртывая сеть, мы видим всё более мелкие ячейки сети.

Приблизительно так расширяется Свет. Как мы понимаем, все его «ячейки» уже существуют внутри него в готовом виде.

Откуда Свет получил свою готовую «сеть»? Здесь необходимо вернуться к «Духу Божьему». Это он в свёрнутом состоянии уже имеет в готовом виде эту «сеть». Когда между «Духом» и «водою», Материей возникает Свет, тогда и начинается это развёртывание фотонной «сети» и расширение её со определённой скоростью. Но Свет на пустом месте расширяться не будет. До его возникновения Бог создал две полусферы. Можно предположить, что они наполнены некоей тонкой Материей – нижняя полусфера и тонкой Энергией – верхняя полусфера. В них и происходит расширение Света. Тонкую Материю и Энергию мы так же не видим. Своими материальными научными приборами мы можем их «видеть», только косвенно.

Грубая Материя нашего обычного мира находится на самом низшем уровне нижней полусферы. Представляете себе, сколько над нами имеется других, более разряженных, миров с другим типом Материи. Они становятся всё более разряженными с подъёмом вверх. Это можно проследить даже по человеку, который имеет в себе, как утверждают йоги, семь оболочек, семь энергетических центров связи с этими мирами. Это тема отдельного исследования и мы её оставим. Нас более интересует сознательность Света.

Сила-Сознание Света

Свет – полностью сознательный. Он имеет в себе Сознание, т.е. имеет полное знание о том, как развернуть себя в Материи. Трудно нашим разумом представить себе, что такое Сознание божественного Света. Предположим, что *полное Сознание – это, прежде всего, чистая «живая» структура Света в трансцендентном масштабе.* Не Свет играет в эволюции главную роль, а его Сознание. *Сознание образовано «живыми» структурами и чем более сложные и* тонкие структуры мы имеем, тем большим *Сознанием обладаем*. «Живыми» мы называем такие структуры, которые могут сами себя изменять. Структура Трансцендента содержит в себе множество разнообразных, каких только возможно, тонких структур. Это говорит нам о том, что Его Сознание – полное, какое только возможно.

Божественный Свет знает всю Истину!

Сознание – это нечто управляющее сгустками простых структур, не наполненных частицами-корпускулами и энергией. Оно знает, как организовать из них более сложную структуру, развернуть её и наполнить Материей [10]. Роль Сознания, возможно, аналогична роли обычной ДНК во время формирования физического тела человека, только оно, в отличие от неё, не ограничено в своих целях, а гибкое и подвижное в своих действиях, и делает нужную «ДНК Трансцендента» само. Сознание через Свет развёртывает Трансцендента во Времени и в Пространстве, в материи и энергии Материи. Но одного Сознания для этого будет недостаточно.

В нашем материальном мире существует обычный свет, который мы видим и который нами хорошо изучен. Обычный свет материальный, в его составе имеются фотоны, которые наполнены частицами-корпускулами, так же в его состав входят электромагнитные волны. Он – полностью материален и имеет волновую энергетическую структуру. Обычные фотоны света уже стабильны и их изменение практически невозможно. В отличие от них, *Сознание Света может изменять структуру фотонов света* <u>*по фазе начального состояния*</u> [10] *и структурировать их в соответствии с той структурой будущей материальной формы, которую хочет иметь в данный момент.*

Представляете себе, что если бы нам удалось найти то, что осуществляет данную модуляцию фазы и заставляет фотоны света её запоминать, что создаёт стабильную структуру из них, то мы могли бы тогда создать любую форму и любой мир вокруг себя! Какой тогда разум будет способен тягаться с нами, если мы вдруг станем полностью сознательными? В этом случае мы его будем творить сами. *Творить – это пока всё же прерогатива Бога, но мы уже к ней подбираемся.*

Вот вам один ответ на вопрос: как преобразовать свою жизнь? Оказывается, это всё очень просто сделать. *Для этого надо стать полностью сознательным, а без Света, т.е. Бога этого нам пока своим разумом не осуществить*! Возникает новый вопрос, а что же тогда колеблется при отсутствии материальной среды внутри фотонов света, пример в «Божьем Духе»? В том то и дело, что ничего не колеблется, т.к. нет материальной среды – это *полное безмолвие и покой*.

Йоги, для того, чтобы войти в бо́льшее *сознание* приводят себя в состояние безмолвия разума, т.е. в состояние полного покоя. Не оказывается ли это тождественным нашим предположениям? Колебания в отсутствии материи свёрнуты в «точку», это тонко-энергетическая волновая «точка» без времени и пространства. Вот здесь и можно проводить изменения структуры: делай её какую хочешь.

Божественный Свет в виде «Духа Божьего» символически похож на генератор, который вырабатывает фотоны света и пока никуда не подключен. Подключись к нему материально и сразу же Свет обретает энергию и появится изображение, которое будет материализоваться на экране. Значит, возникает новое предположение: у этих колебаний Света должен быть свой «генератор» – *Источник этих колебаний*. Где он находится?

А на этот вопрос ответа пока нет, единственное, что можно сказать по этому поводу из духовных источников знаний, что *Источником Света может быть только сам Бог, хотя «сначала было Слово и это Слово было Бог»* – это мистическое название Источника божественного Света, который находится в центре чего-то и оттуда «творит» Трансцендента. «Дух Божий» и есть этот Источник и именно он даёт Свет.

Нельзя ещё забывать и то, что этот Свет находится даже не в Космосе, а там, где и Космоса ещё нет. Естественно, Он не имеет инерции и трения, образовавшийся один раз *он будет существовать вечно*. Фотоны Света – это просто отдельно взятые колебания, которые сами по себе так же вращаются вечно: он – источник и колебание одновременно. Эти фотоны могут *сами* совершенствоваться в своей структуре, увеличивать свою энергию, за счёт энергии бессознательной Материи, изменять период колебания и его начальную фазу.

Каким-то образом, пока непонятным для нас, Сознание управляет структурой фотонов Света. Если переходить на материальный язык, то оно управляет их периодом, частотой, угловой скоростью, энергией и т.п. и то, как оно это делает, нам далее придётся разбираться. Кто осуществляет сложение Его фотонов в структуру формы, ведь в процессе материализации они растут и по энергетике, и по периоду колебания, они как бы раздвигаются и расширяются? Может это и есть то символическое подобие нашей ДНК, которая «знает свою материальную форму и как её построить»?

Сами электромагнитные колебания и структура Света не могут развернуть Трансцендента и, по-видимому, должна существовать ещё какая то Сила, способная сделать это. Она должна обладать огромным трансцендентным *Могуществом*. Мы не можем даже сказать, что это энергия, потому что она имеет отношение к трансцендентному Времени. Могущество Света не имеет никакого отношения ни к Пространству, ни ко Времени, ни к материи, ни к энергии. Тогда к чему он имеет отношение, если более ничего нет? Такой вид «Энергии» нам пока неизвестен. Она имеет божественное происхождение –

это божественное Могущество Силы Света. Его величины хватает для развёртывания Трансцендента.

Слово божественный мы употребляем только тогда, когда не можем чего-то найти в нашем обычном мире. Могущество Света нашему миру не принадлежит. Оно «лежит» вне его, и поэтому мы присвоили ему эпитет «божественное». Мы ранее уже разбирали «нулевой» принцип Божественного. Могущество Света имеет точно такое же «нулевое», с нашей материальной точки зрения, значение. Для нас его – как бы, нет, но тем не менее оно не только существует, но и даёт Силу для развёртывания Трансцендента. Если оно попадает в те две полусферы, то тут же становиться Силой Света с определёнными характеристиками.

По философским понятиям, существующая *Сила Света* (*Божественное Могущество*) соединена с *Его Сознанием*. Она называется – *Силой-Сознания* [1]. Прилагательное «*божественный*», возможно, означает, что *Свет обладает Силой-Сознания*, способной совершать любые действия с любыми видами энергии и материи. Символически, подобная сила должна существовать в растении, ведь его зародыш развёртывает всё растение, а для этого нужна сила и знания о том, как это сделать.

Какую роль тогда играет Свет во всём этом процессе эволюции? Он представляет собой только структуру фотонов и не может ни наполнять себя материей, ни обретать пространство и время. Всем этим процессом управляет Его Сила-Сознание.

Давайте попробуем сделать символическое описание Силы-Сознания Света. Его можно представить снова, как «сети», накинутые на Свет. Этих «сетей» может быть много, они могут иметь разные ячейки, размер которых зависит от формируемого планетарного уровня. Они пропускают через себя электромагнитные колебания определённого диапазона, отфильтровывают их, изменяют их начальную фазу и, в дальнейшем, из них формируются материальные тела и формы. Постепенно эта «сеть» расширяется вместе с расширением пространства и времени. Конечно, это только сравнение, хотя учёные, разглядывая живые клетки нашей материи, видели что-то наподобие ячеек «сети», накинутых на наши клетки.

Цель эволюции человека состоит как раз в том, чтобы найти и научится владеть Силой-Сознанием, что можно будет вполне сделать только, обретя Сверхразум. Мы подошли к такому моменту, когда можем и должны этому постепенно научиться, а это уже наука о Духе и о Времени.

Первые шаги в области работы с Материей привели нас к технократическому обществу, созданию *материальных инструментов-щупалец*. Наша эволюция в Материи опередила эволюцию в Духе, в создании *духовных инструментов-щупалец*. Это привело к материальному перекосу в нашей жизни и появлении технократического общества. Мы научились обращаться с Материей при помощи этих «щупалец», но есть возможность совершать точно такие же действия, не имея никаких дополнительных инструментов – одной Силой-Сознанием человека.

Свет, опускаясь в Материю, при помощи своего Сознания, получает её Силу, а Материя, имеющая Силу, соединяясь со Светом, обретает его Сознание, а вместе они получают Силу-Сознание. Центром такого соединения является человек. Представляете себе, во что превратится тогда человек, когда обретёт через свою новую духовную эволюцию всю Силу-Сознание Трансцендента? Тогда он будет способен изменять не только материальные формы, но и саму структуру Света!

Наше будущее состоит именно в том, чтобы приобрести высший Сверхразум, обладающий Силой-Сознанием, и научится управлять с его помощью Материей и даже Светом.

«Если человек не сможет в будущем Силой своего Сознания сделать себе одежду, то ему придётся ходить голым» [2], т.к. никакие другие средства ему в этом не помогут. Наше будущее становится довольно интересным и наше эволюционное движение к Сверхразуму уже пора ускорять.

Мы приходим к некоторому итогу нашего исследования и уже можно с уверенностью сказать, что *божественный Свет представляет собой сгусток структур, не наполненных частицами-корпускулами и энергией, и не имеет ни пространства, ни времени, но содержит в себе «механизмы», управляющие их параметрами и может ими манипулировать, как Сознательное Самосуществующее, Самосовершенствующееся существо, при помощи своей Силы-Сознания.*

«Молекула ДНК» Трансцендента

Мы до сих пор рассматривали только, преимущественно, планетарные структуры. А как эти структуры Света соотносятся с живым миром и соотносятся ли? Для исследования этого вопроса о живых формах мы обратились к точно таким же структурам, которые непосредственно влияют на все живые формы и даже создают их. Мы решили обратить своё символическое внимание на ДНК, как она впишется в наше исследование Света?

Что собой представляет молекула ДНК? Это двойная спираль, вращающаяся вокруг своей оси. Существует её пространственное описание. Мы не будем ничего изобретать нового, а опишем её так, как она представлена на рисунке 2. Итак, кратко, ДНК – это *«нуклеиновые кислоты – природные высокомолекулярные соединения, ответственные за сохранение и воспроизведения наследственной информации в живых организмах. Впервые обнаружены в 1868 году в клеточных ядрах, отсюда и название: латинское «нуклеус» означает «ядро»* [12].

Не будем далее описывать её строение и остальные функции, а возьмём из этого описания только то, что нас более всего интересует:

«*При всём многообразии известных РНК и ДНК в их состав входят лишь четыре качественно различных азотистых основания. В молекуле РНК это урацил (U), цитозил (C), аденин (A) и гуанин (G), в молекуле ДНК – три последних основания и тимин (T) вместо урацила....*

... Таким образом, основу и РНК и ДНК составляет гигантская цепь с присоединённой к ней «бахромой» азотистых оснований....

... макромолекулы ДНК представляют собой спираль, состоящую из двух цепей, закрученных вокруг общей оси. Азотистые основания располагаются внутри спирали, а фосфатные группы на её поверхности. В каждой цепи нуклеотиды следуют с интервалом в $3,4*10^{-10}$м, и на один виток спирали приходится по 10 нуклеотидов, т.е. шаг спирали равен $34*10^{-10}$м.»

...

Также необходимо отметить, что существуют между нуклеотидами определённые связи, и они образуют «*взаимодополнительные пары: A-T и G-C. В макромолекулах ДНК своеобразным четырёх буквенным шифром (всё те же A, G, T, C) химически записана вся сумма наследуемых признаков, определяющих данный биологический вид...*»

«*Нуклеотид – минимальная единица хранения наследственной информации в любом живом существе земного происхождения. Он тождественен единице информации, применяемой в компьютерах, – «биту», но есть одно серьёзное отличие между ними – бит двоичный, а нуклеотид четвертичный, т.е. более сложный по своей*

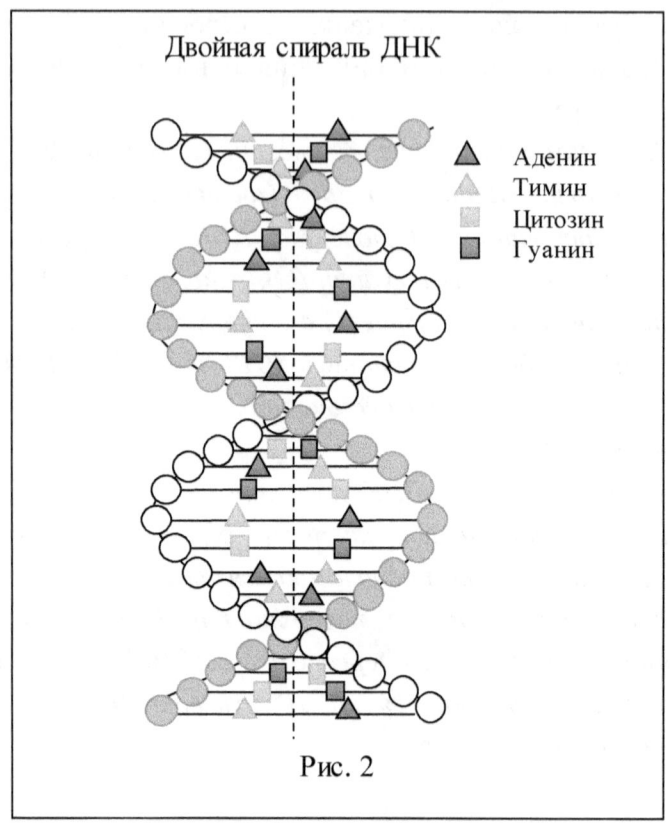

Рис. 2

структуре. *Нуклеотид – единица более сложного эволюционного порядка. Он комплементарен, если обладает способностью связываться водородными связями с другим нуклеотидом, причём в таком же порядке: A с T, G с C.*

Соответственно, одна нить ДНК (1/2) комплементарна другой, если между всеми нуклеотидами существуют водородные связи. Обратное утверждение так же верно. Заметим, что не существует некомплементарных нитей ДНК, связанных в спираль, иначе они находятся не в рабочем состоянии.»

Это те основные сведения по структуре ДНК, которые нам могут понадобиться при сопоставлении её со структурой Света. Возникает вопрос, а при чём здесь ДНК и божественный Свет? Возникло интересное предположение, основанное на некоторых схожих признаках ДНК и фотона Света. Давайте сделаем сравнительную таблицу из их признаков (таблица 1).

Таблица 1

Признаки ДНК Материи	Признаки фотона Света
Имеют место четыре типа нуклеотидов: (U) A, G, T, C	Фотон Света имеет четыре основных фазы состояния: 0^0, 90^0, 180^0, 270^0, (360^0).
Между нуклеотидами двух противоположных спиралей возможны только определённые комбинации: A-T и G-C.	Между фотонами Света пространства и времени возможны только определённые комбинации их фаз: 90^0-270^0, 0^0-180^0.
Между самими спиралями ДНК фазы состояния различаются на 180^0.	Между фотонами Света разной полярности, но в одной плоскости фазы различаются на 180^0.
Имеется определённый шаг расположения нуклеотидов - $3,4*10^{-10}$м.	Фотоны имеют определённый период следования, который зависит от планетарного уровня.
В одном круге вращения спирали укладывается 10 нуклеотидов, т.е. они следуют по фазе вращения в круге (360^0) с интервалом в 36^0.	При материализации фотона Света в Материи мы имеем 10 этапов. Если перевести их в фазу вращения то, они следуют по фазе вращения в круге (360^0) с интервалом в 36^0.

При сравнительном анализе свойств структур ДНК и фотона Света мы нашли очень много тождественного. Только при исследовании Света мы не обнаружили самих спиралей, к которым должны прикрепляться его фотоны. По всей логике нашего мышления они должны существовать и образовывать соответствующие «цепочки-структуры», подобные макромолекуле ДНК. *Она могла быть создана по подобию Света, как человек создан был по подобию Бога.*

Отсутствие в Света Пространства и Времени, возможно, делают невидимыми для нас «спирали вселенской ДНК», набрасывающей на них свои «сети-структуры». Хочется отметить ещё один сравнительный признак соответствия между действиями фотона Света и молекулой ДНК: фотон Света с положительным знаком образует своё зеркальное отражение в Материи, но уже с отрицательным знаком. Они уже могут являться комплементарной парой. Точно также РНК в Материи создаёт или находит свою комплементарную пару, зеркальную копию своего нуклеотида. Их получается всего две пары: пара Пространства (плюс и минус) и пара Времени (плюс и минус). Нельзя объединить в пару пространство и время с любыми знаками состояния, потому что они сами себя аннигилируют. Здесь мы видим явное совпадение с нуклеотидами ДНК.

Свет играет такую же роль в создании планетарной системы, как ДНК – в нашей материальной форме. Если нашу *гелиоцентрическую планетарную систему* развернуть во времени, то наше Солнце образует линию, вокруг которой будут вращаться по спирали наши планеты, в т.ч. Земля, создавая цепочку последовательно развёртываемого Пространства. Если рядом с такой цепочкой развернуть такую же геоцентрическую планетарную систему во Времени, то мы получим вторую часть «вселенской ДНК», которая будет тождественна, но зеркальна, первой, создавая цепочку последовательно развёртываемого Времени. Они между собой будут комплементарными.

Чем вам не «молекула ДНК» Трансцендента?

Итак, давайте подведём итоги сравнения ДНК со структурой Света и возможного существования такого же «наследственного» механизма при образовании Трансцендента. Из таблицы 1 мы видим, что ДНК содержит столько же типов нуклеотидов (U, A, G, T, C), сколько фотон Света имеет фаз состояний (0^0, 90^0, 180^0, 270^0, 360^0). Мы можем получить комбинации фаз фотона Света отличающиеся друг от друга только на 180^0 (положительное и отрицательное пространство; положительное и отрицательное время; 0^0 и 360^0 – практически идентичные фазы состояния (отличающиеся по свойствам, как перевёрнутый электрон). Двойная спираль ДНК в пространстве представлена нами на рисунке 2. Обе спирали пространственные, только имеющие разные знаки состояния, и вращающиеся вокруг сдвоенной линии времени, так же с разными знаками состояний. В последнем пункте таблицы 1 мы уже нашли совпадение. Нуклеотиды в ДНК выдают информацию о наследовании признаках живых существ и всего получается 10 признаков за один круг вращения спирали. Получается, что, точно такие же «наследственные» признаки должны существовать у фотона Света.

Их сравнение дало нам ещё один толчок в новых предположениях при изучении Света. Мы пришли к выводу, что *полная структура Света – это «механизм» развёртывания Трансцендента с такой же, только «вселенской ДНК», складывающейся из элементарных структур фотонов* [10]. Свет организует вселенные, расставляет по своим местам планетарные системы в соответствии с их координатами в пространстве, создавая необходимую структуру Материи. Она, соединившись в будущем со Светом, должна будет стать самосознающей и способной самой перестраивать свою, уже одухотворённую, материальную структуру.

Мы пришли к полному символическому тождеству полной структуры Света и структуры ДНК. На основании этого прямого тождества, можно сделать серьёзное предположение: *Трансцендент – это, может быть, живое существо, которое эволюционирует в физической, материальной форме, посредством «молекул ДНК», обладающих Силой-Сознанием Света.*

Итак, со Светом мы уже как-то определились и нам уже пора перейти к бессознательной Материи. Что же тогда представляет собой бессознательная Материя, из которой божественный Свет «творит» своё существо?

Бессознательная Материя

Вторым исходным «продуктом» эволюции является бессознательная Материя (далее Материя). Исходя из определений Света, который имеет в своём составе структуру Трансцендента и Сознание, знающее, как его развернуть, мы уже можем зеркально предположить, что Материя не имеет в своём составе никаких форм, никаких фотонов света, иначе она была бы сознательной, т.е. имеющей структуры форм. Её бессознательность утверждает, что она «пустая» и в ней, в начальный момент, нет никаких форм и структур. Материя пока состоит только из хаотического скопления ..., даже трудно утверждать, что частиц. Их пока так же нет. Она не имеет в своём составе никаких материй и энергий, поэтому Она как бы чиста и бессознательна. Мы её так же бы охарактеризовали «нулём», который ничего не имеет и имеет всё.

Единственное, что Материя имеет в таком «пустом» виде – это *способность отзываться на воздействие Силы Света*, создавая под Его давлением, сознательные формы, имеющие структуры, внутри себя. Она обладает способностью обретать, через отражаемые структуры Света, уже материальное Сознание, наполняя его своей Силой, что и образует материальные формы, которые становятся стабильными. Она как «вода», принимает ту структуру-форму, в которую её «налили», поэтому её назвали бессознательной.

Во время орбитальных полётов космонавтов вокруг Земли они наблюдали интересную картину действий с простой водой для питья. В пространстве космической станции, где отсутствует сила гравитации, т.е. в невесомости, вода *сама* собирается в объёмные шары различного размера, в зависимости от величины её массы.

В космосе обычная материальная вода не становится «бесформенной», а она всегда имеет объёмную форму в виде шара (?). Можно даже выдвинуть гипотезу о том, что жидкость в невесомости всегда имеет объёмную форму. Это означает то, что внутри этой жидкости имеется нечто, что заставляет её всегда становиться объёмной формой. Мы имеем вроде бы бессознательную Материю, но что-то в ней имеется такое, что заставляет её быть всегда объёмной, только параметры объёма Материи бесконечные по сравнению с нашими водяными шариками. Но нам сейчас важно понять, что это за Сила такая, которая заставляет жидкость создавать объём или заполнять, созданный кем-то, объём?

Свет имеет в себе структуру фотонов и Сознание-Силу. Современная Материя уже имеет в себе материю с энергией и, всё ещё, Неведение – Сознание с отрицательным знаком. Если Сознание Света знает всю свою структуру и каким-то образом заполняет её Материей, то Неведение не знает ничего (!), но его свойства аналогичны свойствам Сознания, т.е. оно, *не зная, как,* каким-то образом всё же может *управлять процессом структуризации Материи.*

Сознание Света своей Силой воздействует на Материю, но разве её частицы сами могут откликаться на эту Силу? Только её *противосила,* аналогичная, но зеркальная по свойствам Силе-Сознания Света, может откликнуться на неё. Значит, только *Неведение Материи способно откликнуться на воздействие Силы-Сознания Света и структурировать материальные «корпускулы» в соответствующие структуры форм, созданные им. Оно это делает не напрямую, а производит формы, создавая сначала множество всевозможных форм из материи и производя затем среди них отбор на их соответствие формам Света.*

Мы получаем почему-то «слепую» Материю, которая не видит Света, но, ощущает его Силу и Структуру. Это подобно работе РНК, когда она подбирает себе комплементарную пару. Как-то Неведение умудряется наполнить созданные уже им по подобию Света структуры своими частицами-корпускулами, зеркально отражая их. Это происходит только потому, что Свет ещё полностью не соединился с Материей, поэтому ей приходится делать это вслепую.

Мы уже ранее определились относительно Материи и предположили, что это какое-то скопление частиц-корпускул, образующих свойства подобные «воде». Эти частицы образуют скопление Материи в Космосе (скорее, вне Космоса, потому что он сам является порождением Материи), и являются, в дальнейшем, строительным материалом для образования материальных тел и форм из Света. Самое страшное во всём этом процессе копирования то, что Материя отражает все структуры Света зеркально. Получается, что она даже из Бога сначала должна сделать его полную противоположность, антипода Бога.

В духовных источниках мы находим по этому поводу древнюю легенду: когда Господь отправил своих 4-х главных Богов на Землю (Бога Любви, Бога Жизни, Бога Истины, Бога Блаженства), то они оказались полностью обращёнными Материей и стали Ему полными антиподами (соответственно, Ненавистью, Смертью, Ложью, Трагедией) и отделились от Него. Из-за них сегодня наш мир имеет горе, страдания и саму смерть и находится в таком плачевном состоянии. Трое из них уже обратились обратно и стали светлыми Богами и даже Госпожа Смерть пошла нам навстречу. Но самый последний из них Господин Трагедий и Войн, он же Господин Лжи и Зла, никак не хочет обращаться, понимая, что это для него гибель.

Теперь мы понимаем, кто в нашем мире всё портит! Далее, Бог, поняв свою ошибку и зеркальность отражения в Материи, снова отправил уже новых Богов на Землю для устранения Зла. Они уже так и остались Богами и сегодня исправляют эту ситуацию. Так что, зеркальность отражения

Сил Света в Материи сыграло даже с Господом Богом «злую» шутку.

В Материи структура Света через его Силу-Сознание, как бы, давит на неё. Та ощущает на себе силу Света и пытается её структурно, но зеркально отразить. Она создаёт, как бы, противоположный полюс. Между Светом и Материей тогда возникает круговорот и чем сильнее этот круговорот энергий, тем точнее создана форма. Это и будет критерием её отбора.

Сначала Материя не знает, какая структура высвечивается Светом, и создаёт, через своё Неведение, множество совершенно различных структур, какие только может. Сначала это будут грубые структуры Света, и она создаёт такие же грубые материальный формы. Далее они стали становиться всё более точными как в Свете, так и в Материи. Через сопоставление и отождествление между структурой Света и своей формы она производит отбор, созданных ей форм. Если форма соответствует структуре Света, то эта тождественность и зеркальная противоположность создаёт сильный энергетический контакт между ними, который называется Блаженством (Любовью). Через этот контакт далее Она оставляет только те формы, которые более соответствуют Свету.

Структуры Света являются тем «сосудом», в который «наливается» «вода». Материя сама в себе создаёт, при помощи своего Неведения и «естественного» отбора, уже тождественный ему материальный «сосуд». Когда «сосуд» окажется наполненным, то Неведение Материи уже будет обращено и становится её Сознанием, ведь мы получили копию божественной структуры формы.

Тождественность структуры Света и материальной формы позволяет Свету низойти в неё и соединиться в ней с Материей. Тогда материальная форма становиться одухотворённой и должна жить вечно, но пока в нашем мире мы этого не наблюдаем, хотя современные люди явно живут дольше своих предков. Все формы и даже минералы подвержены смерти и разрушению. Мы этим снова подтверждаем свой вывод, что Свет и Материя ещё между собою разъединены, но частичное соединение между ними присутствует, а то бы в нашем мире был хаос.

Если ещё раз рассмотреть внимательнее на наш мир, то возникает вопрос, а что сегодня представляет собой Материя, после стольких лет эволюции? *Она всё это время создавала материальные формы и постоянно совершенствовала их*. Что это за формы Материи, о которых мы так много говорим?

Оказывается, *человек – это высшая ступень эволюции структурирования форм в Материи. Всё что относится к Материи, точно так же относится и к нам. Мы и есть та структура Материи, которую она отразила от Света (истинного Человека) и которую совершенствовала в последнем цикле своей эволюции. Если мы говорим о её бессознательности, то можно смело говорить о нашей бессознательности. Мы говорим о поиске Материей Света и их единении, то можно смело говорить о нашем поиске Бога и нашем с ним единении, которое приведёт к божественному одухотворённому человечеству и далее к сверхразумному человеку. Если Материя до сих пор слепа, то слепы и мы, потому что не видим Бога (Свет). Материя и человек тождественны и всё что мы видим на поверхности нашей планеты – это всё она, Материя в формах, созданных по подобию Света*.

Итак, можно подвести итог эволюции бессознательной Материи, которая являясь хаотическим сгустком частиц-корпускул и обладая Неведением, т.е. полным отсутствием знаний о формах, тем не менее стала, как и мы, частично сознательной и уже обрела некоторые знания и о Себе, и о Боге. В эволюции проделан значительный путь и нам уже не хочется исчезать, как исчезли все наши предыдущие цивилизации, которые были даже развитее нас.

Мы забыли одно главное свойство Материи: Она обладает способностью наполнять структуры своей «водой», которая нами ещё до конца не выявлена. Да, сначала в Свете, а затем и в Материи существуют фотоны света, но если их не наполнить корпускулами, то они превращаются в ничто, мы их просто не увидим, а тем более, не получим из них никаких материальных форм. Но каким же образом можно наполнить фотон света частицами-корпускулами, и какая сила способна это сделать?

Получается новый парадокс: мы имеем отражённую в Материи структуру фотона Света, и это даже не колебания. Их не будет, пока он не заполнится частицами. Сила в материальной форме появляется только тогда, когда фотон, уже Материи, заполняется частицами. У нас получается, что сами частицы обладают некой собственной силой, которой затем наполняют фотоны, давая им энергию. Только опять возникает парадокс: откуда в Материи возникли эти частицы, если она была «пуста и безвидна»?

Ранее мы говорили об уровнях Материи и уровнях Света. Естественно, Материя может быть «пустой», но какой-то первичный элемент в ней всё-таки должен находиться: например, 2-ой атомный уровень и он из чего-то должен быть сделан?

Мы это уже хорошо знаем, что есть элементы ниже его по параметрам пространства и времени, из которых строятся его атомы. Хуже обстоит дело с 1-ым сублиминальным уровнем, но и он должен быть из чего-то сотворён? Значит, мы можем вести речь о некоем первичном состоянии Материи, первичных её элементах.

Совершенно неожиданно мы наткнулись на некоторую единичную силу частицы. Мы можем предположить, что сила материального фотона света зависит от того, какое количество этих частиц-корпускул в нём находится. Частица-корпускула не имеет никаких зарядов. Она по своей природе должна быть полностью нейтральной и только, попадая в фотон, она может получить заряд.

У нас в запасе остаётся ещё одна сила, о которой мы совершенно забыли – это *сила Взаимодействия, которая только частично нами открыта*! На разных уровнях Материи она называется по-разному: *слабое взаимодействие (1-ый уровень), сильное взаимодействие (2-ой уровень), электромагнитное взаимодействие (3-ий уровень), гравитационное взаимодействие (4-ый уровень) и т.д.* Это всё одна и та же *Сила Взаимодействия* в Материи. Её свойства на разных планетарных уровнях проявляются по-разному. Она может иметь как положительные параметры, так и отрицательные. Её свойства ещё зависят от плоскости приложения: сила взаимодействия в пространстве (плюс и минус); сила взаимодействия во времени (плюс и минус). Итого мы получаем пока 4-е вида Силы Взаимодействия, но их может быть и более.

Очень уж она напрашивается на тождественное приложение к фотону света, который может иметь 4-е фазы своего начального состояния. Эти частные силы взаимодействия не функционируют по отдельности, а действуют, как нуклеотиды ДНК, только попарно. Только так, они могут стать памятью Материи и запоминать структуры материальных форм. Снова мы приходим к подобию «трансцендентной ДНК» только уже в Материи. Естественно, она полностью её отражает из Света. Она вполне здесь может существовать.

Теперь Бессознательная Материя нам стала более или менее понятна. Наше описание процесса формирования планетарных систем стало для нас более логичным и подобным работе ДНК. Сила Неведения (Сознания с отрицательным знаком) Материи движет всей нашей эволюцией и при помощи элементарных частиц-корпускул, обладающих силами взаимодействия, создаёт планетарные системы и даже живые формы из атомных планетарных систем, продвигая нашу эволюцию вперёд.

Силы фотонов Материи.

Наши исследования привели нас к знаниям о божественном Свете, который нам уже отрицать не имеет никакого смысла, и бессознательной Материи, которая оказалась очень интересной для нас по своим свойствам. Но нам предстоит понять другое главное действие, которое происходит между ними. Нам необходимо понять тот процесс, который соединяет их друг с другом. Смысл нашего дальнейшего исследования состоит как раз в том, чтобы понять то, как Свет, всё ещё отделённый от Материи, может с ней соединиться?

Мы ранее уже установили, что Свет обладает полной структурой Трансцендента и разворачивает её одновременно и параллельно. Естественно, Свет не может расширяться без наполнения себя некими, хотя бы, тонкоматериальными «корпускулами». Он вообще без них расширяться не сможет. Откуда Он их берёт?

В Книги, в самом её начале, мы имели описание создания двух полусфер: верхней и нижней. Верхняя полусфера – это полусфера Сверхразума. В Книге никаких более действий с ней, после её создания, Богом не проводится. Она остаётся целой и неделимой. Сверхразум никакой двойственности в себе не имеет – это разум Единения. В этой сфере вообще нет никакого разделения ни на пространство, ни на время, ни на материю, ни на энергию и т.д. Мы даже не можем точно сказать, может ли Свет расширяться в верхней полусфере, наполняя свои структуры Сверхразумом.

Но если существует мир Сверхразума, значит он должен быть создан посредством каких-то своих структур. Он, скорее всего, мог быть создан собственным Супраментальным Светом Сверхразума [1], в котором божественный Свет может быть какой-то его частью.

Нижняя полусфера – это полусфера «земли», Материи. Именно в ней «Дух Божий» соединяется с «водою». «Дух Божий», как мы ранее определились, – это «семя» Трансцендента. Получается, что Бог, создающий «землю», и «Дух Божий», который носится где-то внутри неё, как-то различаются между собой. «Дух Божий» – это не сам Бог, а только Его *свёрнутый Дух*.

Что для нас означает Дух Бога и чем Он отличается от Бога?

«Дух Божий» здесь может символически означать «семя» Бога, которое не имеет в себе ничего, кроме полной структуры Бога – огромного Трансцендента, но свёрнутого, и Его Могущества. Получается, что у нас существует по Книге, как бы, два Бога: первый безликий Бог – творит мир, внутри которого происходят все действия, а второй Бог, имеющий индивидуальную форму, развёртывается внутри этого творения, материализуя себя. Конечно, они оба – единое целое. Только Бог, как бы, разделил себя надвое для того, чтобы создать мир для своей материализации и уже в нём материализовать себя.

У нас возникло два понятия, которые мы должны исследовать снова – это «земля» и «вода». «Вода», как мы понимаем возникла …? Если «Дух Божий» мы предположили «семенем» Бога, как его структуру, то откуда взялась «вода», ведь Бог её по Книге не создавал?

«Земля» у нас оказалась тёмной и невидимой сферой «без дна» внутри которой носился «Дух Божий» над «водою». «Вода» оказывается частью «земли», но какой-то отличной от неё. Если взять наш современный мир, то он оказывается материальным и пространственным. Эволюция идёт именно в нём. Тогда мы можем предположить, что «вода» – это

Материя Пространства, где развёртывается Дух, а «земля» у нас получается Энергией Времени. Далее Книга нам это подсказывает, когда проводит «твердь» посреди «воды», создавая её собственное «небо», которое отделяет «землю» от «воды». Современное небо действительно отделяет материальную пространственную Землю от остального Космоса, который и есть Энергия Времени.

Теперь мы можем перейти к Свету. Итак, Свет состоит из структуры, которая образована частными структурами фотонов света. Мы пока можем определить два основных видов структур фотонов света. Первый вид создаёт сами планетарные формы, например, планеты и их планетарные системы, и обладает *«Механизмом Формирования планетарных тел»*, а второй тип — расставляет их в пространстве и времени, фиксируя в определённых координатах и заставляя вращаться по своим орбитам. Он обладает *«Механизмом Взаимодействия»*. Таких *«Механизмов»*, конечно, может быть больше, но нам удалось вычислить пока только два из них.

Почему мы их назвали *«Механизмами»*? Дело в том, что пока ещё эти структуры фотонов «пустые» и поэтому мы вправе говорить только о способности к чему-то, а не о самих способностях. Когда эти фотоны начнут наполняться материей и энергией, то в этом случае, эти «Механизмы» становятся «Силами», которые и выполняют свою работу. Тогда мы зеркально им получаем *«Силу Формирования»* и *«Силу Взаимодействия»* фотонов уже в Материи.

Нами ранее было рассмотрено одно важное свойство Материи: *если на неё было оказано какое-либо внешнее энергетическое воздействие Света, под действием которого она создала какую-либо форму, то после прекращения такого воздействия эта форма остаётся существовать, и не распадается до тех пор, пока не возникнет нового силового воздействия на неё*. Это очень важное свойство Материи и его можно назвать *памятью Материи*.

Благодаря этому свойству человек так же имеет подобную память, сохраняя в своём разуме память о чём-то в виде мыслеформ. Именно «*Силы*» Материи, как раз, обладают свойством позволяющим любым формам, даже ментальным, не распадаться и оставаться в своих координатах пространства и времени.

Возникает интересная «картина»: если в Материи создана какая-либо форма, то она может жить вечно, пока её не разрушит новое энергетическое воздействие Света. Получается, что Свет определяет время нашей жизни. Но это не Свет Трансцендента, а внутренний свет человеческой Души, как часть этого божественного Света. Пока свет Души не погаснет внутри нас (когда Душа покидает материальное тело), то наша жизнь не прекратится.

Этот закон *вечной жизни* нами уже открыт, только надо сделать так, чтобы материальные формы больше не разрушались новым энергетически воздействием Света, а только самосовершенствовались им. Для этого нам надо стать более гибкими в своей грубой материальной форме, о чём мы говорили ранее.

Всё получается очень простым, но почему-то до сих пор человек не может сам себя сделать счастливым. Дело в том, что *мы не занимаемся своим совершенством, а отдали его на откуп Природе*. А ей торопиться некуда. У неё времени очень-очень много, а у нас жизнь очень-очень короткая.

Человек при своей жизни делает много разных «пустых» дел, к ним можно отнести и развлечения. Только *его основное дело*, связанное с совершенствованием формы и разума, *им не делается в полной мере*. Всё остальное – это, пожалуйста, а настоящая эволюционная работа, для которой мы пришли на планету, подождёт, только до каких пор?

Можно постоянно вращаться в одном и том же круговороте жизни и ни на йоту не приблизиться к совершенству. Честно сказать, мы даже и не знаем, как сделать совершеннее наше тело и разум? Самое обидное для нас то, что Природа не будет нас дожидаться, а отберёт сама среди нас только тех, которые ей подойдут для будущего мира сверхразумного человека. Сколько будет готово людей, столько и перейдёт.

Кто не будет готов к этому времени, тот не успеет. Те люди просто не выдержат общего повышения энергетики планеты и «сгорят» от своей *собственной тени*. Наша тень, которая не пропускает Света, является нашим же несовершенством. Она задерживает Свет, который своей энергией в будущем её просто выжжет.

Тогда, что от нас останется, если наше тело – это сплошная тень? Будущее повышение энергетики выдержит только тот человек, который будет иметь новое супраментальное тело, прозрачное для Света. А его нам ещё предстоит в себе создать. А теперь представьте себе, если вдруг Свет со всем своим Могуществом соединится с Материей, что тогда останется от всех её тёмных и несовершенных форм?

Всё просто выгорит, и Земля станет выжженной пустыней, если ещё останется существовать, ведь и она сама тоже обладает тенью. Только когда сама планета и все материальные формы станут совершенными и будет трансформирована их материя в светлую структуру, только тогда Свет сможет соединиться с Материей полностью.

Сегодня мы можем своё совершенствование значительно ускорить, если развернём своё индивидуальное совершенство от Материи к Духу. Мы Дух ранее в себе не развивали, и он внутри нас находится в зачаточном состоянии. Нам его нужно быстрее раскрыть [11]. Существо Духа, которое раскрывается внутри человека, называется *психическим существом*, т.е. существом Души (психея, в переводе, – Душа) [1].

У некоторых людей психическое существо внутри уже раскрыто и начинает созревать. Только оно способно привести человека к новому супраментальному виду. Нам его предстоит параллельно материализовать в своём теле, трансформируя его под новый светлый тип супраментальной материи. Только оно будет способно соединить внутри нас Свет и Материю и жить вечно.

Хотим мы этого или не хотим, но отбор, проводимый Природой нам не остановить. Для успешного перехода в новый мир Сверхразума нам нужно успеть стать светлым (супраментальным) человеком без тени. Та сказка, которая говорила о человеке, потерявшем свою тень, возможно, скоро станет реальностью. Нам необходимо, как можно быстрее, самим сделать её реальностью.

Глава 4. Ведическое дополнение «картины-версии»

Нам уже удалось определиться в главных компонентах эволюции и понять их основные принципы действия. Они позволяют нам продвигаться далее к новому эволюционному знанию. Составление и исследование библейской картины-версии эволюции по Книге привело нас к пониманию возникновения нашего мира из первичного облака бессознательной Материи, «воды», которая, под действием напора божественного Света, стала обретать в себе контуры современного мира. Но это пока ещё даже не контуры, а только «штрихи» будущего мира, того мира, который Материи ещё предстоит сотворить, возможно, уже с нашей помощью.

Мы уже хорошо знаем ту линейку видов, которую выстроила наша эволюция: *плазма, минералы, растения, животные, человек*. Только нам этого недостаточно. Нам ещё предстоит понять не только то, каким образом она была выстроена, но и что или кто будет её продолжением: как и кем это будет осуществляться в Материи? Нам необходимо понять принципы эволюционного совершенства материальной формы, которая сегодня уже дошла до уровня человека, чтобы найти следующее, новое звено или, даже, звенья эволюции. Когда мы это сделаем, то сможем найти своё место в этом эволюционном процессе и то, каким путём нам можно будет совершенствоваться далее?

Новые задачи исследования эволюции

Итак, наша новая задача состоит в том, чтобы вычислить ту возможную закономерность, над которой трудилась наша Природа, создавая, известную нам, последовательность видов. Но это даже не самое главное. Эволюция развивала её, как мы предположили это в самом начале наших исследований, для совершенствования разума и материальная форма, как раз, подгонялась под него, а не наоборот. Разум сегодня является самым главным «камнем преткновения» для будущей эволюции. Он уже достиг своего совершенства и стал мешать нашему продвижению к новому виду, не желая отдавать ему свои бразды правления миром.

Уже не секрет, что в нашем мире появляются представители нового вида, о которых мы ещё боимся говорить вслух. Только ведь от этого их в нашем мире меньше не становится. В настоящее время их количество только растёт – это дети-индиго. Эти дети, возможно, – дети нового поколения человечества и по-другому сказать об этом никак нельзя. На планете уже появляется новый вид, хотим мы этого или не хотим. Дети-индиго, как маленькие гении, – этому подтверждение.

Своими дальнейшими исследованиями мы попытаемся доказать свою правоту в отношении появления нового супраментального вида, который приходит на смену разумному человеку-животному [1]. Человек – пока только переходное существо между животным и супраментальным человеком. Скорее, он будет неким *опорным видом* для нового супраментального вида, а *переходным видом* станет в будущем одухотворённый человек.

Это только нам кажется, что мы останемся такими навсегда, какими мы есть сегодня. Мы просто не хотим никаких изменений, потому что их боимся. Для нас было бы лучше, если бы наша жизнь осталась такой, как есть, какой мы её знаем, но это – самообман. Даже за такой короткий срок, всего за одно столетие, мы все очень сильно изменились. Сегодня это уже оказывается не фантастикой, а реальностью. Наш материальный разум вырос очень значительно, но это ещё не конец изменениям.

Мы новые возможности в совершенстве себя, которые были открыты в двадцатом веке [1], прозевали, зацепив свой взгляд за материальные ценности и сильно привязавшись к ним. Они стали для нас «истинными» ценностями, которые, на самом деле, ими не являются.

Настоящие ценности, как оказывается, сегодня уже лежат у нас «под нашими ногами», которые мы «пинаем», как только можем, и отталкиваем, как можно дальше, – *это духовные ценности*. Только они одни могут нам помочь осуществить переход к новому виду. *Мы уже вплотную подошли к началу этапа духовной эволюции, за которым нас ждёт новый переходной вид одухотворённого человека.*

...

Вернёмся снова к своим эволюционным исследованиям. Давайте попытаемся ответить на вопрос, а каким же образом шло развитие живой и неживой природы, этой линейки видов в эволюции?

Свои исследования путей эволюции человека мы проводили по первой Моисеевой «Книге Бытие» и получили «семь дней» её продолжительности. Нам удалось составить начальную «картину-версию» возможного развития событий в период формирования, как нашей солнечной системы, так и нашей цивилизации.

Конечно, это только одно из возможных направлений развития эволюционных процессов в мире. Если бы нам удалось их подтвердить исследованием других духовных источников, то тогда бы мы могли уже более твёрдо утверждать о правильности наших предположений. Можем ли мы найти, что-нибудь подобное в духовных источниках других конфессий?

Подобное описание эволюции материальных форм в циклах можно найти в древних индийских духовных традициях – Ведах. Эти источники намного древнее библейского описания Моисея и позволяют нам даже определить по времени продолжительность циклов эволюции. Основное различие между Ведами и Книгой заключается в следующем: в Книге описывается эволюция человека, которую поделили на «семь дней». Из них первые «шесть дней» – как бы, общие для эволюции, а последний «седьмой день» – это формирование современной жизни на Земле.

Здесь мы должны оговориться: «семь дней» характерны для любого из семи уровней Материи [9]. Все уровни проходят становление, как описано в Книге, параллельно, но каждый за своё собственное время. Веды эволюцию разбили всего на четыре цикла, первые три из которых соответствуют первым «шести дням» Книги, а «четвёртый» цикл – тождественен последнему «седьмому дню».

Эти описания несколько отличаются между собой только потому, что описывают события с разных углов зрения. Для нас это даже лучше. Мы также можем оценить правильность наших предположений с различных позиций и дополнить созданную ранее «картину-версию».

Ведические циклы эволюции

Индийские духовные традиции более древние по сравнению с библейским описанием происхождения жизни, но откуда в то древнее время люди могли знать о процессе эволюции. До сих пор их тайные знания нами так и не поняты до конца. Нам, наверное, легче пройти всё с начала и создать новые знания, чем расшифровать эти древние индийские истины, но мы всё же попробуем это сделать.

Итак, всего таких циклов эволюции в этих древних традициях описываются четыре. Мы постепенно рассмотрим их все, так как без этого трудно будет понять её закономерности. Для исследования эволюции человека нам более подходят знания индийских духовных традиции и их описания циклов, чем духовные знания Книги. Их знание построено и опирается не на процесс формирования и совершенствования каких-то там разумных материальных форм, а на понимании цивилизациями Истины. Они главной целью эволюции считали *глубину познания Истины* (уровень Сознания). Поэтому всю мировую эволюцию они разбили именно по способности цивилизаций понимать Истину и даже названия циклов у них связаны именно с этим:

- *Цикл Сатья-Юга* – цикл золотого века, века знания полной Истины (плазма, минералы);
- *Цикл Трета-Юга* – цикл, когда Истина закрыта от живущих существ на одну четвёртую часть, т.е. доступно только три четверти Истины (растения);
- *Цикл Двапара-Юга* – цикл, когда Истина закрыта на две четверти, естественно доступно всего половина Истины (животные);
- *Цикл Кали-Юга* – названный в честь богини разрушительницы Кали, когда Истина в начале цикла закрыта на три четверти, а к его концу Она полностью закрывается для живых существ, т.е. для нас (человек). Это современный материальный цикл человечества.

Все эти четыре цикла объединяются в общий единый цикл – Маха-Юга, который постоянно, «вращается как колесо», повторяя снова и снова эти четыре цикла, следующих друг за другом.

Конечно, мы взяли из этой традиции только одну небольшую часть, которая непосредственно связана с нашими исследованиями. На самом деле эти четыре цикла образуют общий и намного больший по времени цикл Маха-Юга. Он будет уже связан с эволюцией всего Трансцендента, который имеет свои циклы «вращений», взаимосвязанные с этими внутренними циклами.

Мы не знаем, насколько эти знания достоверные, т.к. ни доказать, ни опровергнуть их не можем. Давайте возьмём за основу пока эти начальные четыре цикла Истины и приложим их к тем предположениям, которые мы уже высказали.

У нас тут же возникает вопрос: почему у нас возникло такое различие в этапах эволюции, здесь их – четыре, а по Книге – семь? Давайте попробуем провести сравнительные соответствия между ними:

- *Цикл Сатья-Юга соответствует первым «двум дням» Книги (плазма, минералы);*
- *Цикл Трета-Юга – «третьему дню» (растения);*
- *Цикл Двапара-Юга – «четвёртому, пятому и шестому» дням (пересмыкающие, птицы и животные);*
- *Цикл Кали-Юга – «седьмому» дню (человек).*

Вот такое соответствие между Ведами и Книгой нам удалось составить. Мы сделали здесь опору на «лестницу» основных типов материальных форм в циклах.

Если с типами мы как-то разобрались, то теперь у нас встаёт вопрос о формировании их «места жительства», о формировании планетарных тел и систем. Нам надо попытаться построить модель эволюции планетарной материи на основе знаний индийской духовной традиции.

Давайте попробуем понять, в чём заключается скрытая тайна планетарного развёртывания, например, солнечной системы? Такую модель эволюции планетарной системы пытались построить во все времена существования человечества. Предпримем и мы такую попытку описания своей модели эволюции солнечной системы и планеты Земля, тем более, что мы уже имеем её цикловую привязку к фотону Света [9].

В книге «Тайная доктрина» Е.П. Блаватской мы находим описания значений символических знаков «Древних Мистерий» – Вед, которые жили более пяти тысяч лет тому назад в Индии и были обычными пастухами (?). Их символы были нанесены на листочки пальмового дерева, обработанного ими особым образом так, что они сохранились в течение пяти тысяч лет. Древние люди сумели каким-то образом воздействовать на материю этих листьев и сделали её структуру стойкой к огню, воде и старению. Это доказывает их высокую мудрость и знание тайн материи, которые пока нам ещё не доступны. Они своим разумом были тогда ближе к духовным знаниям, чем мы сейчас. Они, вероятно, знали тайну Материи.

Только, при расшифровке их символов формирования планетарной материи Е.П. Блаватской были допущены серьёзные ошибки. Она дала нам их описание, но расшифровала их не совсем верно. Она сильно исказила их истинный смысл и это мы сейчас попытаемся исправить.

Веды, своими символами указывают нам *на вероятную модель и принципы формирования структуры планетарной материи солнечной системы, исходя из структуры фотона Света*. Они косвенно подталкивают нас к пониманию тайны нашей земной и космической планетарной эволюции. Их символы подтверждают описанную нами ранее закономерность развёртывания планетарной материи в Космосе, а именно: развитие её циклами, от «точечной плазмы» до удалённого от центра и вращающего вокруг него объёма (солнечная система с планетами) [9].

Давайте, исправим эти ошибки и посмотрим, как описывают Веды развёртывание планетарной материи своими древними символами, которые мы расшифруем по-своему. Давайте более подробно их опишем.

Плазменный цикл Сатья-Юга

К циклу Сатья-Юга мы отнесём два ведических символа: первый символ – это *светлый круг на чёрном фоне* (рис. 3а); второй символ – это *светлый круг с точкой в центре* (рис. 3б). Теперь нам осталось их расшифровать.

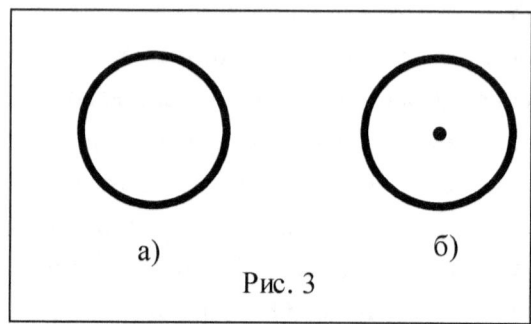

Рис. 3

Итак, первый символ означает, что из «Духа Божьего», когда он начал развёртывание в Материи, по Книге, возник Свет. Он чист и нематериален на фоне тёмной «бездны». Этот символ указывает нам на начало эволюции, с чего она началась. Второй символ указывает на формирование точечной структуры в центре световой сферы. Мы определяем этот цикл, как цикл Сатья-Юга, цикл «Золотого века». Заканчивается этот цикл образованием точечно-линейных плазменных структур. Мы забежали немного вперёд, но именно этот цикл имеет в себе *агрегатное состояние Материи – плазму*.

Ранее мы определили, что развёртывание «Духа Божьего» в Материи было связано с выделением огромного количества Света и его энергии. Эта огромная энергия Света перевела нейтральную первообразную «воду» в первые плазменные формы Материи.

Почему мы увидели Свет? Потому, что Он перевёл всю «воду» в Энергию Времени, заполнив ей нижнюю полусферу, о которой мы говорили ранее. В центре полусферы должно было образоваться пока ещё «пустое» Пространство без

Материи. Оно пока для нас будет невидимо. Это исходное состояние начала эволюции планетарной материи (рис. 3а).

Второй символ указывает нам на окончательную структуру цикла Сатья-Юга (рис. 3б). В начале цикла мы имеем полное количество энергии Света, а в конце цикла остаётся только три четвёртых части его энергии (три четверти Истины). В центре материальной сферы мы уже видим образование некой *пространственной плазменной «планеты-точки»*. Одна четвёртая часть энергии Света уходит на её формирование [9, 10]. Здесь же мы видим, что всё небо над планетой оказывается светящимся Энергией Времени, как мы это определяли ранее по Книге. Мы оказались в этом цикле внутри будущего Солнца, в его центре.

Понимаете, теперь, почему мы имеем агрегатным состоянием материи плазму? Маленькая выпуклая плазменная планета Пространства Земля оказались внутри вогнутой планеты Времени Солнце, в её центре, которая занимала всю нижнюю полусферу. Описанное нами ранее начало эволюции Трансцендента довольно точно сходится с этими двумя ведическими символами.

Мы получаем Источник Силы Света, имеющий два полюса: первый – это оболочка Сферы Света, которая имеет отношение ко Времени; второй – центр сферы, который уже относится к Пространству. Между ними возникает первый разряд *Энергии Жизни*[5], который начинает эволюцию. По Книге, далее, в «воде» была проведена «твердь», которая разделила «воду» на саму «воду», которая стала называться «землёю», и «небо»: «*И сказал Бог: да соберётся вода,*

---

[5] Энергия Жизни – это энергия преобразования времени в пространство, энергетических частиц в материальные частицы. Мы назвали её так, чтобы показать, что Жизнь это есть разряд энергии Света между Временем и Пространством и наоборот.

которая под небом, в одно место, и да явится суша.» Это и есть описание появления пространственной планеты.

«Небо», неожиданно для нас, явилось тем местом, которое энергетические частицы Времени преобразует в материальные частицы Пространства. Изначально в сфере Света существуют только частицы Энергии Времени, но каким-то образом они в центре этой сферы уже становятся материальными частицами Пространства. Это преобразование и осуществляет «небо», которое над «твердью». Но это не современное небо. Тогда оно могло быть ещё «пустым», безвоздушным. Это преобразование осуществляется, скорее, на границе между «небом» и остальным Космосом. Мы называем её сегодня озоновым слоем.

Итак, начало появления Энергии Жизни, через разряд Света, образует первую частицу на планете, перенося её из Времени Света в Пространство «воды», пока ещё пустотелый центр будущей планетарной системы, через преобразование «небом». Первая частица, которая была перенесена в пустотелый центр, заняла там своё место. Она стала первой «неживой» материей будущей планеты. С этой первой частицы началась планетарная эволюция.

Далее к центру устремятся уже другие частицы. Все они получают пространственный заряд и обращаются в пространственные частицы Материи, которые тут же обретают Силу Взаимодействия. Теперь они будут сцепляться между собой посредством этой силы, образуя плазменную планету и запоминая это состояние.

Частицы Времени всё больше и больше перетекают на плазменную пространственную планету. Количество их постоянно увеличивается. Из всего количества частиц, которые находятся в пределах сферы Света на плазменную пространственную планету («воду») переходит в этом цикле, как и энергии Света, всего одна четвёртая их часть.

Материя обретает некоторое множество элементарных пространственных форм-частиц, которые теперь начинают эволюционировать, складываясь в простые планетарные формы. Эти частицы можно назвать – «точечными формами», о которых мы говорили ранее.

В этом мире, возможно, пока ещё нет ни протонов, ни нейтронов, ни атомов и тем более молекул, а только эти первичные точечные плазменные формы, но они уже обладают точечно-линейным разумом. Если его перевести в математические символы, то они обозначатся как «a^0» для точечной формы и «a^1» для линейной формы.

Точечные формы распределяются по всей поверхности планеты. Пока это только мир точечных существ, которые создают поверхность будущей Земли. Они передвигаются на планете по закону плазмы, с её потоками. Это уже говорит нам о некоей линейности существ, которые могут выстраиваться друг за другом уже линейными потоками – это и есть структура линейного разума.

Возникло некое единое коллективное плазменное существо, состоящее из множества точечных существ. Это уже обычная физика плазмы и она у нас теперь оказывается живой. Каждый из нас, вероятно, когда-то был точно такой частицей плазмы. С этого момента начинается эволюция человека – это первая «точка» в нашей будущей материальной форме, как и во всех остальных.

Постепенно точечных форм становилось всё больше и больше, плазменная планета «толстеет», а единое плазменное существо растёт и эволюционирует. Давайте назовём эти точечные материальные формы плазменными живыми существами и попробуем описать их, основываясь на имеющихся в нашей науке физических знаниях о плазме.

Приведём физическое описание движения частиц в плазме [6]: «В отличие от газа, где каждая частица «узнаёт» о существовании себе подобных, лишь в моменты столкновений, в плазме каждая частица непрерывно ощущает воздействие «соседей».

... Поэтому её траектория движения представляет собой не ломаную линию, как траектория молекулы газа, а плавно изгибающуюся кривую.

... и они движутся как бы в отсутствии столкновений».

Эти плазменные существа должны быть бесполыми. Они пока не могут размножаться и пока не знают понятия смерти. Они бессмертны и останутся бессмертными [5]. Эти частицы будут существовать и до, и после нашей эволюции. Возможно, они похожи на шары и их способ передвижения мог быть способом перекатывания по поверхности планеты, которую Книга назвала «твердью», пока ещё довольно маленькой. Они передвигаются по ней с потоками плазмы.

Свет, теряя часть своей энергии, постепенно понижает температуру плазмы. В некоторых местах она густеет и образует нечто вроде будущей поверхности. Более подвижная плазма по этой поверхности двигается, как реки, в своих образовавшихся потоках. Возможно, могут существовать даже моря и океаны более подвижной плазмы. Должен возникнуть «круговорот» плазмы в Природе. Более лёгкая плазма может даже испаряться и собираться под «небом». Далее она «проливается» обратно на поверхность планеты. Такой круговорот плазмы мы можем получить только в конце цикла.

Возвращаясь к нашему предположению о живых точечных плазменных формах, мы можем подтвердить, что оно может быть верно. Отсутствие столкновений частиц показывает, что живые точечные формы знали о пространстве вокруг себя, не имея никаких органов чувств(?), за исключением, возможно, только первого появившегося чувства в эволюции – *обоняния*, которое даёт *процесс «дыхания»* энергией плазмы.

Своим обонянием существа узнавали о зарядах окружающего их пространства. Поэтому столкновений между ними не было, т.к. взаимные заряды отталкиваются друг от друга. Если существует в этих формах процесс «дыхания», то, тогда эти существа должны были бы иметь и какие-либо «органы дыхания», но это не совсем так, потому что они не могли иметь никаких органов дыхания(?). Они просто находились в потоках плазмы, в круговоротах её энергий. Они не дышали, а обменивались ею, пропуская её через себя, т.к. были полностью открыты для неё.

Процесс «дыхания» в это время был гениальным: энергия Света просто пропускается через форму, оставляя в ней такое её количество, которое необходимо для её существования! Это век «коммунизма», вернее, Рай! Земля тогда была плазменной планетой, а сами существа были прозрачными и излучающими энергию своего внутреннего света, поэтому они не имели тени, т.к. частички плазмы светились сами изнутри. Это был мир без теней – мир света и энергий – действительно, золотой век.

Энергии плазмы хватало всем «жителям» планеты. Они все развивались параллельно и одновременно путём расширения за счёт получения и накопления энергии. Естественно, кто из них накопил её больше, тот имел больше энергии для своего совершенствования. Принцип отбора плазменных частиц для следующего вида мог быть следующим: *переход на новую ступень эволюции мог осуществить только тот, кто накопил из них больше энергии, достаточной для такого перехода.*

Даже здесь уже, вроде бы, существует внутривидовое соревнование среди частиц плазмы, но на самом деле получали больше энергии те частицы, которые должны были в будущем стать или растениями, или животными, или человеком. Все остальные частицы должны были остаться минералами и плазмой. Мы исходим из того, что полная структура мира уже тогда была известна, но ещё не проявлена в Материи.

Есть ещё одна логическая нить в движениях частиц в плазме: что значить передвигаться без столкновений? Это значит, что они умели жить без столкновений между собой (одноимённые заряды никогда не сталкиваются друг с другом) и их общение было полным. Даже на расстоянии они знали всё о своём приближающемся «соседе» и избегали столкновения с ним, отталкиваясь друг от друга. Они жили «в любви и согласии». Это был настоящий мир живых частиц, которые жили, может быть, даже лучше, чем мы живём сегодня, они жили без агрессии, без горя и даже не умирая.

Такой обмен чистыми энергиями и сегодня существует в нашей человеческой жизни. Он называется любовью. Это был мир любви и блаженства «Золотого века», которое даёт любовь. Этот цикл называется «Золотым веком» потому, что это действительно вечная жизнь без страданий. К тому же они за счёт своей чистоты, т.к. вся энергия Света проходила через частицы, знали всю Истину, как мы описали ранее. Они были не закрыты от неё своим точечно-линейным разумом, как мы сегодня закрыты от неё своим умом.

Они вполне могли знать Истину. Только они не имели письменности (она им просто была не нужна). Получается, что Знания мы можем приобрести только тогда, когда станем полностью открытыми энергиям Света. Эта открытость позволит нам познать Истину существования, которая от нас закрыта. Современный человек такого открытого обмена энергиями со Светом (Богом) не имеет. А вот плазменные существа имели полные знания о мире, но их разум был пока ещё микроскопическим, а, следовательно, работать с Материей они не могли. Они не имели необходимого разумного инструментария и физического тела.

Посмотрите на нашу сегодняшнюю жизнь: мы сталкиваемся между собой довольно часто даже в течение одного дня. Эти столкновения могут носить разный характер, и даже агрессивный. У плазменных существ не было таких столкновений: у них была, возможно, более «божественная жизнь», чем наша сегодняшняя.

Мы попытались предположить и описать «жизнь» обычных зарядов в плазме, которые наши физики «упрятали» в свои физические законы и формулы. Только они оказались у нас живыми плазменными существами. Любая частица, будь то электрон или что-то наподобие его, – *живая* и подчиняется, кроме законов физики, *законам Жизни*.

Плазменные существа – живые существа, которые стали развиваться и эволюционировать через линейные формы в более сложные структуры Материи. Опять возникает вопрос, а что собою представляло это самое первое живое плазменное существо, которое пока не должно было иметь никакой формы?

Для нас это частицы плазмы, а если смотреть относительно их сублиминального уровня, то это, назовём их, как называют философские источники, – *ангелоподобные существа* [5], имеющую форму подобно форме ангелов (?). Здесь опять всё относительно, т.к. мы просто хотим их видеть похожими на себя. На самом деле, какие они были, кто это знает?

Посмотрите на обыкновенного муравья. Он с нашей высоты представляет собой нечто, похожее на точечную форму, а теперь спустимся на его уровень, здесь он уж становиться «хищником», который умеет нападать и защищаться и имеет челюсти, голову, лапки, глаза и даже разум. Если опуститься ещё ниже и посмотреть на него через микроскоп, то он станет гигантом с огромными размерами, и мы сами окажемся «точками» по сравнению с ним.

В мире нашей вселенной так же всё относительно. С нашей точки зрения образовалась первая точечная форма, а с точки зрения самой этой формы образовалось новое существо, которое в данном случае закончило свою эволюцию где-то на предыдущем уровне и перешло на наш планетарный уровень. Так что наши «точки», вполне могут представлять собой ангелоподобных существ, которые, эволюционируя с «уровня на уровень» и совершенствуя свою форму, пришли теперь на нашу планету в виде зарядовых частиц плазмы.

Это мы предполагаем, что они имеют «шарообразную форму», а кто-нибудь видел человека с такой же самой стороны? Наша аура имеет подобную шарообразную (яйцевидную) форму. Если мы будем видеть только ауру, а не наше тело, то мы так же будем по всем признакам походить на шарообразных плазменных существ, только наша плазма разумная и холодная. Мы вполне чем-то можем быть тождественными им. Только мы уже находимся на более высоком уровне развития, прошедшими эволюцию.

Плазменные частицы – это элементарные «кирпичики» будущих форм всего живого и неживого. Они, в последствии, постепенно укрупняясь, становились всё более сложными по структуре материальными формами, обладающими всё более сложным разумом. Но далее линейного разума они в этом цикле развиваться не могли. Они жили в точечно-линейном мире, который не мог им дать другого, более сложного, разума.

Вот так, приблизительно, мог начать возникать мир минералов, но это ещё не минералы, а только начало их цикла, когда они только-только начинают формироваться в минералы, образуя пока только линейные формы. Здесь нам необходимо определиться: мир цикла Сатья-Юга по своей структуре точно такой же как наш. Только в Материи он пока проявляет свои первые точечно-линейные структуры. Всё что сложнее их пока проявиться не может. Если из нашего мира убрать все более сложные и тонкие структуры, чем линейные, то мы вернёмся к плазменному циклу.

Итог можно подвести такой: в цикле Сатья-Юга только-только в грубой форме зарождается весь будущий мир, который мы имеем сегодня, но и он ещё не всё проявление в Материи. Существуют ещё более сложные и тонкие структуры, которые ещё не проявлены в Материи и которые даже в нашем мире Разума проявиться пока не могут. Эволюция и есть ничто иное, как проявление в Материи всё более тонких структур. Чем тоньше структура мира, в котором происходит материализация форм, тем более развитый разум мы можем получить.

Растительный цикл Трета-Юга

Рис. 3в

Итог окончания предыдущего цикла – это формирование плазменной планеты, которая пока имеет точечную структуру. Следующий ведический символ – *светлый круг с поперечной линией* – указывает нам на образование структуры Материи, при помощи вращения линии вокруг центра (рис. 3в). Это способ получения *структуры плоского материального тела – диска*. Цикл Трета-Юга мы определяем, как цикл образования растений – *газообразных плоскостных существ*.

Далее из полученной точечно-линейной структуры предыдущего цикла мы должны образовать плоскостную планету со своим плоскостным миром, со своими плоскостными структурами материальных форм. В конце этого цикла должна образоваться планета подобная диску и точно таким же плоскостным Космосом-Солнцем вокруг неё.

Те два полюса Света, оболочка и центр системы, в этом цикле остаются теми же. Только сила, которая действует здесь, обладает уже свойствами не электрической, а магнитной силы. Это она раскручивает и плазменную планету, и полусферу Света, планету Солнце. Постепенно, раскручиваясь этой силой, они из шарообразной формы приобретают форму плоского диска. Это позволяет нам утверждать, что мы имеем дело с плоскостным миром и такими же структурами материальных форм.

Что происходит, в этом случае, с полученными ранее точечно-линейными формами? Все точечные формы у нас обязаны превратиться в плоскостные формы. Таким образом все частицы плазмы начинают вращаться вокруг собственной оси и становятся дископодобными, плоскостными формами. Сначала их линейное соединение так же образует плоскую линию – первую плоскость, потому что её частицы вращаются вокруг собственной оси. Последующее вращение этой плоской линии позволяет нам получить плоский диск, который уже оказывается более сложной структурой, чем простая линия.

Далее, в этом цикле продолжается переход частиц Времени Солнца в Пространство планеты. Оно всё ещё находится вокруг неё, но освещая её уже только по краям плоскости, что позволяет снизить температуру планеты в её центре. Это понижение температуры даёт возможность начать образование более крупных частиц с более сложными структурами, чем частицы плазмы. Предположим, что в этом цикле образовались первые плоские атомы водорода и аргона, т.е. газы. Вся среда планеты в её центре представляет собой газ. Плазма остаётся существовать только по краям диска планеты, где всё ещё присутствует высокая температура. У нас получается вогнутая планета с небесами внутри неё.

Ещё одна четвёртая часть энергии Света и частиц должна перейти в плоскостную планету. Естественно, эти частицы уже не образуют новых видов форм, а внедряются в уже существующие структуры усложняя их. В конце цикла, при бо́льшем остывании планеты, мы можем получить более тяжёлые атомы. Здесь мы так же получаем аморфные и кристаллические плоскостные решётки, состоящие из газа и плазмы. В плазме они образуют плоскостные минералы, а в газе – более развитые структуры будущих видов. Естественно, в начале цикла должны появится первые клеточные газообразные плоскостные структуры.

Что же представляют собой клеточные структуры в этом цикле? В газе появились первые объединения атомов, которые как бы создали контур будущей клеточной структуры, её «сетку», пересечения ячеек, которые они заполнили собой. Должна в этом цикле была произойти материализация клеточных структур в газе. Позднее, клеточные структуры объединяются в более сложные многоклеточные организмы.

Если у нас, допустим, сегодня существует кристаллическая решётка, то и тогда она существовала, только вместо атомов в ней были эти частицы, и сама она была очень сжата. Точно такую же картину представляла собой будущая клетка и если вы представляете сегодня её структуру, то тогда, возможно, также возникла подобная структура, только вместо молекул и атомов всю её структуру занимали подобные плазменные частицы и атомы этих двух газов.

Например, митохондрию могла составлять всего одна частица или атом газа, вакуоль – другая, центриоль – третья, а само ядро могло состоять из нескольких частиц, цитоплазмой могла быть пока сама плазма. Плоскостные плазма и газы всё ещё были открыты для энергий Света. Они питались ею. Позднее, возможно, более сильные клетки стали поглощать и поедать менее сильных.

Таким возможным образом проходила эволюция клетки и, конечно, постепенно расширяясь, клетка должна была обрести истинную структуру, которую имеет сегодня, только место плазмы и атомов газов должны занять уже более сложные атомные и даже сложные структуры, такие как молекулы, белки, углеводы и им подобные. Возможно, именно таким образом посредством расширения в пространстве клетка из свёрнутой структуры обратилась в своё современное состояние.

«Клетки» уже представляли собой более сложные существа, также пока питающееся энергетикой плазмы. Скорее всего, их «дыхательная система» обеспечивала поглощение мельчайших частиц плазменной энергии через, созданную ими, мембрану клетки. Они «дышали» этой энергией и насыщались мельчайшей энергетической материей, излучаемой плазмой Земли, из которой и строили своё материальное тело. Это уже более высокий уровень эволюции плазменных существ. Их форма постоянно увеличилась в размерах. Постепенно образовалось плазменное клеточное существо, более высокого уровня разума, чем точечные существа, с которых начиналась эволюция. В этом, возможно, заключается прогресс эволюции данного плазменного цикла Земли.

Достигнув определённого состояния в развитии, клеточное существо разделялось на две части и каждая часть старого тела, образовала новое тело, которое продолжало расти и совершенствоваться. Процесс размножения уже проходил посредством деления. Таким способом происходило и омоложение этих живых существ: из одной старой клеточной формы возникали две молодые клеточные формы. Смерти в этом клеточном мире пока не существовало, т.к. шло параллельное наращивание количества живых клеточных существ для будущих более сложных материальных форм.

Более сложная плоскостная структура материальных форм даёт им более сложный разум. Мы вправе уже говорить о *клеточном разуме*. Он по своему уровню и силе на порядок превышает точечно-линейный разум частиц плазмы. Теперь единый разум газообразных существ состоит из двух типов разумов: *точечно-линейного и плоскостного*. Математически плоскостной разум уже описывается как «a²». Это и есть следующий его уровень. Этот разум из клеточного, в начале этого цикла, развивается в конце цикла до разума материальной формы, который мы называем *физическим разумом*. Естественно, два разума в два раза сильнее закрывают Истину от своего существа, о чём говорит название следующего цикла.

Физический разум имеет те же характеристики и описывается теми же физическими параметрами, что и газы. Движение атомов и молекул в газе тождественно соответствуют движения энергий в физическом разуме. Это подтверждает правильность нашего предположения об эволюции не только материальных форм, а, скорее, их разума.

Если взглянуть на растения, то можно увидеть, что их структура полностью плоскостная. Листья сами по себе – плоскости, а стебли, ветки, стволы собраны из плоскостей, свёрнутых в трубки. Хвойные деревья имеют листья-иголки, что показывает их более раннее происхождение относительно лиственных пород деревьев: иголки – это ни что иное, как линейные образования. Это лишний раз доказывает, что растения были образованы именно в этом цикле и они были газообразными и плоскостными.

Животный цикл Двапара-Юга

Чем закончился предыдущий цикл? Мы имеем дискообразную планету и точно такое же Солнце, которое окружает её. С началом нового цикла возникает новая сила. Символ *светлый круг с двумя пересекающимися линиями* указывает на образование *материального объёма, вращающегося вокруг своей оси* (рис. 3г). Вертикальная линия показывает, что плоскость теперь вращается ещё и вокруг плоскостной линии. Тем самым, посредством вращения

Рис. 3г

плоскости вокруг линии, создаётся объём. Это уже будет цикл Двапара-Юга – цикл животных. Агрегатным состоянием Материи здесь будет уже жидкость. На этом этапе эволюции начинают вращаться все плоскости, которые были созданы в предыдущем цикле.

Всё плоскостные материальные формы становятся объёмными. Но это не самое главное. Дело в том, что эта новая сила меняет зарядовые свойства Материи. Теперь источником Времени становится центр системы, а источником Пространства – внешняя оболочка. Что нам это даёт?

Теперь созданная ранее дискообразная планета выталкивается из центра системы на свою орбиту, которую и занимает за время работы цикла. Солнце, которое ранее окружало планету снаружи, теперь оказывается в центре системы. Это ни что иное, как процесс образования Солнца, Луны и звёзд на небе (здесь не рассматриваем, но принцип будет тем же).

Всё, как в Книге! Образуется современная планетарная гелиоцентрическая система. Естественно, Земля постепенно становиться на свою орбиту, но вращения по ней ещё не существует. Она находится в одном месте орбиты в системе, но пока вращается только вокруг своей собственной оси. Температура поверхности планеты, естественно, постепенно понижается и планета остывает, что приводит к появлению жидкости, хотя она всё ещё относительно горячая («… и пар поднимался над планетой»), ведь движения по орбите ещё нет.

Плазма теперь оказывается внутри планеты, т.к. она как бы выворачивается наизнанку, образуя сушу. Газы, как лёгкие соединения занимают пространство от земли до границы неба. В этом цикле добавляются более тяжёлые элементы и соединения. Образуется жидкостная материя, которая материализует моря, океаны, реки, озёра и т.п.

Органическая материя в том виде, которую мы имеем в современном мире ещё не существует. Температура поверхности планеты всё ещё не позволяет им образовываться. Все животные существа и весь мир имеет тела из жидкостной структуры, наподобие гусеницы. Она ещё более точно проявляет структуру будущего мира. Если и образуются органические структуры, то только до третьего уровня. Жидкость – это уже сила, которая позволила животным видам двигаться.

Ещё одна четвёртая часть энергии Света и частиц должна перейти в объёмную планету. Естественно, эти частицы также не образуют новых видов форм, а внедряются в уже существующие структуры усложняя их. В конце цикла, при большем остывании планеты, мы можем получить более тяжёлые атомы. Аморфные и кристаллические плоскостные решётки теперь становятся объёмными. Они уже состоят из жидкости, газа и плазмы. Естественно, в начале цикла должны появится первые животные газожидкостные объёмные структуры, которые обрели способность к движению.

Теперь на планете все материальные формы обрели три вида разума: *клеточный разум, физический разум, животный разум*. Животные существа уже имеют материальную форму, которая можст двигаться. Размножаются они ужс тсми жс способами, которые мы имеем в современном мире. Питание по Книги они имеют только растительного качества. Друг друга они не поедают. Это необходимо для того, чтобы животных видов стало как можно больше, чтобы затем между ними провести отбор. Животный разум обладает характеристиками жидкости и подчиняется её физическим законам. Здесь возможны и столкновения, и битвы за пищу и территорию.

Истина закрывается от животных ещё на одну четвёртую часть. В конце цикла их Истина закрыта на три четверти. Только одна четверть остаётся для Истины, хотя их разум уже значительно вырос. Он получил ещё одно новое измерение – «а³». Тот мир животных, которых мы видим перед собой, образовался именно в этом цикле эволюции.

Ментальный цикл Кали-Юга

Рис. 3д

Предыдущий цикл закончился тем, что планета-шар вращается вокруг собственной оси и имеет объём, но она пока не вращается по орбите вокруг удалённого центра системы, своего Солнца. Символ нового цикла «♀» – означает не мужское начало, на что указывает Е.П. Блавацкая, а он, скорее, указывает на то, что *центр вращения системы удалён от вращающегося вокруг своей оси и по орбите объёма* (рис. 3д). Планета теперь вращается вокруг собственной оси и по орбите вокруг удалённого центра – это цикл Кали-Юга, цикл человека. Основным агрегатным состоянием Материи здесь будет «твёрдая», органическая материя. Возникает её четвёртая структура.

В цикле Кали-Юга появляется новый вид силы, которая соответствует магнитной силе, но имеет противоположный знак, относительно магнитной силы цикла Трета-Юга. Эта сила начинает раскручивать объёмную пространственную планету по орбите вокруг центра планетарной системы, т.е. вокруг Солнца.

В конце цикла планета должна выйти на свои параметры орбиты. Это вращение вокруг Солнца ещё более понижает температуру планеты. Теперь на ней могут существовать органические формы материи, которые практически нуждаются в «тепличных» условиях существования. Эти условия и создаются параметрами орбиты планеты относительно Солнца.

Состав материальных форм теперь увеличивается ещё на один тип разума – это *ментальный разум, ум*. Он напрямую связан с органическими формами материи. В этом цикле мы уже должны иметь в своём ментальном разуме четвёртое измерение. Математически это будет выглядеть как «a^4». Его пока у нас нет, поэтому можно утверждать, что мы пока находимся на животном уровне развития.

Ментальный разум по уровню и силе – на порядок выше животного разума. Это разум принадлежит человеку, но мы всё ещё пользуемся третьим, животным измерением «a^3» и ещё не пришли к четвёртому «a^4», человеческому измерению в разуме. Совершенство разума должно закончиться в конце цикла Кали-Юга.

Как мы указали ранее, животный разум имеет в себе три измерения, которыми мы пользуемся сегодня. Четвёртое измерение – это измерение Времени, и мы до него ещё не добрались. Оно имеет отношение к духовности, к внутреннему, а не внешнему, разуму человека [11].

Мы до сих пор всё ещё «ковыряемся» с материальным животным разумом. Эволюция нас ждать не будет. Если мы не будем способны сегодня переключиться с материальной на духовную эволюцию, то мы станем лишним видом на планете Земля.

Материальная форма человека и все остальные формы должны перейти в своё новое качество. Если цикл Двапара-Юга дал формам объём, то цикл Кали-Юга должен нам дать уже объём, вращающийся вокруг удалённого центра, т.е. сверхобъём. До сих пор мы используем материальную форму предыдущего животного цикла, но человек должен обрести свой тип материальной формы со своим типом материи четвёртого измерения, соответствующей циклу Кали-Юга. Не только человек, но и весь мир должен стать другим.

Наше совершенство ещё продолжается, и мы всё ещё идём к новой структуре человека. В начале эволюции мы вышли из облака плазмы, первая частица которого начала нашу эволюцию. Цикл Кали-Юга должен закончиться точно такой же плазмой, только разумной, а человек должен стать её частицей. Это будет переход к новому циклу Сатья-Юга (Золотого века) нового, более высокого, уровня.

Если говорить об Истине то, если в начале цикла она начинает постепенно полностью закрываться от нас, то в конце цикла она нам полностью откроется. Мы пока вынуждены сами добывать знания, что и делаем в современном мире. В конце цикла она вроде бы должна полностью закрыться, но начало нового «Золотого века» характеризуется полностью открытой Истиной. Получается, что полное закрытие Истины каким-то чудесным образом в конце цикла должно опрокинуться и открыть нам всю Истину. Это мы сможем сделать только через *духовную часть эволюции*, которая приведёт нас к открытию энергиям Свету (Богу), а через него – к полной Истине.

Цикл Кали-Юги – это цикл разрушений. Они могут возникнуть только тогда, когда человек полностью закрыт от Света и Истины. Полное закрытие от них обусловлено именно в этом цикле, в его конце, к которому мы уже приходим. Современный мир Разума только поэтому так полон страданий, разрушений и горя. Мы сегодня полностью закрыты от Бога. На «седьмой день» Он «отдыхает», а мы «работаем» самостоятельно, сами по себе, без Него.

Современные тенденции говорят нам о том, что духовность, после стольких гонений на религии, стала возвращаться. Уже настаёт время духовной эволюции. Нам необходимо оставить достижения материального мира и на его фундаменте перейти к поиску духовных знаний. Они появятся сами по себе, когда мы станем открываться Свету и его Истине. Это сегодня, можно сказать, самая главная цель в эволюции нашей цивилизации.

Принципы развития процессов эволюции

Через ведические символы, которые подтвердили и значительно дополнили наши знания, полученные из Книги, нам удалось улучшить первоначальную «картину-версию» эволюции. Она у нас стала намного точнее. Это позволило нам даже найти некоторый закономерности и «механизмы» развития планетарной эволюции. Предположение о постепенном и последовательном развитии сложности структуры планетарной материи и разума может быть верно, если об этом так же «говорили» древние Веды. Конечно, если мы верно разгадали смысл этих символов, то совпадение с нашими ранними предположениями о построение материи Земли и эволюции форм, взятыми из Книги, пока – *полные*. Давайте подведём некоторый итог наших исследований.

Итак, мы имеем в начале эволюции первичный цикл: возникновение животворящего Света (эфира) в хаосе Материи, того Света, который несёт в себе, как семя растения, всю информацию о Трансценденте. Затем, по мере погружения Света в Материю, в ней возникает Его материальное отражение. Оно эволюционирует четырьмя циклами, в зависимости от типа формирования определённой структуры материи, до полного поглощения его Материей.

У нас ранее возникло интересное предположение в отношении этапов эволюции Земли, связанное с символами Вед: четыре цикла связаны с агрегатным состоянием материи Земли и эволюционирующим измерением. Тогда у нас получается:

– *Цикл Сатья-Юга – сначала – эфир, а затем плазменное состояние материи, минералы,*

точечно-линейная структура форм, клеточный разум, первое измерение «a^1»;
- Цикл Трета-Юга – газообразное состояние материи, физический разум, растения, плоскостная структура форм, второе измерение «a^2»;
- Цикл Двапара-Юга – жидкостное состояние материи, витальный (животный) разум, животные, объёмная структура форм, третье измерение «a^3»;
- Цикл Кали-Юга – твёрдое состояние материи, органическая (возможно, сверхорганическая) материя форм, разумный человек, сверхобъёмная структура форм (ещё не достигнутая нами), четвёртое измерение «a^4».

Основываясь на этом предположении, можно определиться со структурой материальных форм в этих циклах и их структурой разума. Она будет полностью соответствовать агрегатному состоянию материи цикла, причём каждый последующий цикл включает в себя все предыдущие достижения эволюции в структурах форм и разумах.

Получается, что наша современная форма человека прошла от плазменной до органической структуры материи, через газообразную и жидкостную формы. При чём, все эти структуры вошли в наше современное тело. Возможно, что когда-то мы вполне могли иметь форму «лягушки» – земноводного существа (жидкостная структура материи), а до этого были «облаком-растением» (газообразная структура материи).

Циклы древней традиции Вед привязаны к глубине Истины, но их можно рассматривать намного более шире, чем просто отношение к ней. Они показывают нам постепенное развитие разума цивилизаций, который приводит в своей эволюции к полной потере Истины.

Это вроде бы нонсенс: зачем эволюционировать в разуме, теряя Истину? Дело в том, что вся Истина находится в Свете, а Он постепенно погружается в Материю, которая обладает полным Неведением. Постепенно Неведение Материи отступает, получая Знания, но Истина Света исчезает в несовершенной Материи. В конце цикла, когда совершенство Материи становиться полным, происходит её одухотворение и Она снова обретает всю Истину, но уже на более высоком уровне развития, имея Знания о ней.

В каждом таком цикле рождается, растёт, совершенствуется и разрушается своя цивилизация, где каждая последующая цивилизация становится совершеннее предыдущей. Очень интересно у нас получается: мы теряем постепенно Истину от цивилизации к цивилизации, но они становятся всё совершеннее? Может быть, нам эта Истина и не нужна, если всё так хорошо получается при её потере?

Если обратить эти циклы к нашим ранним исследованиям, то можно получить следующее:

- *цикл Сатья-Юга – цивилизация людей-минералов, которая готовит следующую цивилизацию растений, создавая первые клеточные формы;*
- *цикл Трета-Юга – цивилизация людей-растений, которая готовит животный мир, создавая материальные формы, используя клеточные формы, и готовит осуществление движения в форме;*
- *цикл Двапара-Юга – цивилизация людей-животных, которая готовит мир Разума, человека, совершенствуя движение и жизнь в физических формах;*
- *цикл Кали-Юга – цикл разрушений, в котором будет вскрыто всё наше несовершенство и который готовит новый вид сверхразумного*

> *человека, пока скрыто от нас. Это мир Познания Добра и Зла только при помощи разума и при полном отсутствие Истины.*

Возможно, между всеми этими циклами возникает некий переходной период, который соединяет эти циклы между собой без разрыва. Но, предположительно, могут иметь место катастрофы, которые полностью разрушают старый мир и создают новый. Смена агрегатного состояния Материи не могла проходить, не задевая живых существ. Так что вполне вероятно, что цивилизации могли не выдержать такого кризисного перехода.

Цикл Кали-Юга, который отведён человеку, предполагает разрушения в его конце. Человеческая цивилизация пошла по тому же пути, что и все предыдущие: рождение, развитие, стабилизацию, угасание (?). Рождение и развитие человеческой цивилизации частично описано в Книге. Затем наступает некоторая стабилизация цивилизации, которую мы наблюдаем сегодня.

Хотя население планеты продолжает расти значительными темпами, но это, скажем так, всплеск перед разрушением. Человечество, как бы, интуитивно защищается от будущего разрушения, создавая некоторый запас прочности в материальных формах, выявляя все их разумные структуры. Тот Конец Света, который описан в Библии, как раз говорит нам о том возможном разрушении цивилизации, которое нам придётся пережить в своём будущем. Её разрушение в переходном периоде приведёт к проявлению новой цивилизации сверхразумных людей и к новому циклу Сатья-Юга.

Совершенно неожиданно, рассматривая эти циклы, мы пришли к новому предположению о том, что в каждом таком цикле каждая цивилизация проходит такие же свои четыре ступени-циклы. Давайте рассмотрим это немного подробнее на нашем цикле Кали-Юга, разбив его на четыре этапа:

- внутренний начальный этап Сатья-Юга — это этап рождения новой цивилизации человека-ума и начала её эволюции, когда только что появившийся на планете человек знает одну четвёртую часть Истину, так как его новый нарождающийся разум её ещё не закрыл. Конец цикла уже обусловлен начальным закрытием истины на одну четвёртую часть с обретением начального уровня разума;
- внутренний этап Трета-Юга — этот этап совершенствования разума цивилизации, её ментального подъёма, когда человек уже утратил половину от одной четвёртой части Истины, но уже обретает столько же разума;
- внутренний этап Двапара-Юга — это этап некоторой стабильности жизни цивилизации, когда одна четвёртая часть Истина утратилась уже на три четвёртые части. Разум вырос на три части;
- внутренний этап Кали-Юга (в цикле Кали-Юга) — это этап, когда нами утрачивается вся Истина, но полностью обретён обычный разум. Это завершение материальной эволюции цивилизации. Далее должно произойти разрушение всех форм, которые остались несовершенными. Этот этап приведёт нас к новой духовной части разумной эволюции. Это, возможно, будет частичная гибель цивилизации, той её части, которая не соответствует идеалу человека, и которая по Библии называется «козлами». На остатках нашей цивилизации, которых она же называет избранными, будет рождена новая сверхразумная цивилизация [1];
- новый внутренний этап Сатья-Юга, который последует снова, открывает возможности появления новой цивилизации сверхразумных людей и происходит, как бы, её новое «плазменное» рождение на новом уровне.

...

В цикле Кали-Юга в начале появления нашей цивилизации, когда родилось наше человечество, люди того времени действительно не имели ещё большого количества разума, который пока ещё не отгородил нас от Истины, и поэтому они её знали на одну четвёртую часть. Вот почему наши Праотцы, ранние люди, как их называют духовные традиции, действительно могли знать и принципы нашей эволюции, и строение вселенной и т.п. Они были ещё открыты Истине. Их знания были в основном духовного характера и намного богаче современных. Это были, в основном, только духовные знания, когда материальные знания ещё только появлялись.

Их разум ещё не был развит, не имел своего «инструментария» и не мог в полной мере использовать эти знания в Материи. Им пришлось отгородиться от Истины и заняться материальными знаниями – это возможная закономерность каждого цикла. Но сегодня мы перескочили рубеж получения материальных знаний и, в отрыве от духовных знаний, движение вперёд далее становиться невозможным и даже может привести к катастрофе и гибели цивилизации. Цикл Кали-Юги полностью закрыл от нас духовные знания. Поэтому мы уже не можем расшифровать те духовные символы, которые дошли до нашего времени. Наш разум полностью закрыл от нас духовную Истину.

Например, во времена Вед жизнь была ближе к духовной жизни, чем материальной, а наша сегодняшняя жизнь, наоборот, – ближе к материальной, чем к духовной жизни. Мы с ними, как бы, поменялись местами, но отсюда и вытекает наша ближайшая задача: *это приобрести новые (старые) духовные знания и, обязательно, соединить их с имеющимися материальными знаниями без взаимоуничтожения.* Это позволит появиться новой цивилизации божественного человечества и начать новый цикл Сатья-Юга, цикл нового «Золотого века».

Глава 5. Квантовое дополнение «картины-версии»

«Картина-версия» эволюции составлена пока нами, в основном, на духовной основе. Нам удалось выявить некоторые её закономерности и даже набросать «абрис» будущего человека. Но не каждый человек может поверить этим духовным знаниям, хотя мы их подтвердили уже несколькими разными источниками.

Материальное же описание процессов эволюции сводиться, в основном, к эволюции материальных видов и их форм. Ранее мы всё время говорили о Свете, который является Источником эволюции в Материи, может быть, нам попытаться для исследования процессов эволюции обратиться к «квантовой механике».

Давайте попробуем соединить циклы эволюции и фотон света в единой целое, как мы это осуществили с ДНК, и посмотрим, что у нас из этого получиться?

Протяжённость циклов.

Духовные традиции Вед сумели, каким-то образом, измерить и описать протяжённость своих четырёх циклов-юг. В своей книге «Тайная доктрина» Е.П. Блавацкая приводит нам их длительность по времени (таблица 2). Получается довольно интересная картина: у нас возникла протяжённость четырёх циклов, имеющая отношение к общей протяжённости цикла Маха-Юга в 4.320.000 лет. Вот только протяжённость года у них почему-то составляет всего 360 дней в отличие от нашей – в 365 дней. Неужели за пять-десять тысяч лет протяжённость года у нас возросла на целых пять дней?

Таблица 2

Циклы цивилизаций	Время в годах	Десятичное отношение
Сатья-Юга	1.728.000	4/10
Трета-Юга	1.296.000	3/10
Двапара-Юга	864.000	2/10
Кали-Юга	432.000	1/10
Итого: Маха-Юга	4.320.000	10/10

Конечно, нам нет смысла критиковать имеющиеся знания, которые измеряют время нашей эволюции в миллионах лет. Только каких лет, если Земля начала вращаться вокруг Солнца только в самом коротком четвёртом цикле, т.е. понятие года возникло только в цикле Кали-Юга?

Время эволюции получается не статическое, а динамическое и оно точно также совершенствовалось вместе с нами. Какое время может быть у плазменной планеты, когда отсутствует и день, и ночь, не говоря уже о годе, хотя этот цикл считается самым продолжительным? Какие могут быть годы в это время? Да и другие циклы не лучше в этом плане, ведь день и ночь появились только в последнем цикле Кали-Юги. Поэтому разговоры о каком-то там времени в эволюции это полная иллюзия, потому что *Время, как и Пространство, динамично, подвижно и точно так же эволюционирует от «короткого к длинному» времени!*

Утверждения Вед о протяжённости периодов эволюции в годах можно поставить под сомнение, но мы не знаем, какое время они имели в виду. Нас, более, интересует не сама протяжённость времени циклов, а отношение частей времени между и внутри циклов.

Итак, мы имеем десять частей Времени. Отсюда мы можем предположить всего десять этапов развития цивилизаций: *минералы – четыре этапа, растения – три этапа, животные – два этапа, а человек проходит своё развитие только в одном этапе – разумного человека.* Конец 4, 7, 9 и 10 этапов – это пики развития их цивилизаций:

4 – расцвет цивилизации «ангелоподобных существ» [5], «людей-минералов»;

7 – расцвет цивилизации «лемурийцев» [5], «людей-растений»;

9 – расцвет цивилизации «атлантов» [5], «людей-животных»;

10 – расцвет цивилизации человека, ещё не достигшего своего высшего состояния – одухотворённого человека.

Мы оставили названия цивилизаций такими, какими они описаны в источнике 5. Если теперь определить длительность циклов, то они распределились следующим образом: 1-4 этап – цикл Сатья-Юги; 5-7 – цикл Трета-Юги: 8-9 – цикл Двапара-Юги; 10 – цикл Кали-Юги.

Теперь можно подвести некоторый промежуточный итог: полный цикл эволюции живых форм на Земле – цикл Маха-Юга занимает по продолжительности 10 этапов. Цикл Маха-Юга включает в себя четыре основных цикла эволюции человека: Сатья-Юга; Трета-Юга; Двапара-Юга; Кали-Юга. Эти основные четыре цикла по тем же источникам предполагаемой эволюции живых форм занимают соответственно:

– Сатья-Юга – 4 этапа;
– Трета-Юга – 3 этапа;
– Двапара-Юга – 2 этапа;
– Кали-Юга – 1 этап.
– Итого: 10 этапов.

Что это за цифры этапов и почему они так чётко уменьшаются в размерах от цикла к циклу – на один этап? Сейчас возникло ощущение того, что мы снова где-то ошиблись или что-то прозевали, когда описывали формирование планетарного тела из Материи. Эти периоды, возможно, говорят нам, как раз, именно об этом. У нас получается, что минералы развивались четырьмя этапами, растения – тремя, животные – двумя, а человек – одним.

Что нам это деление процесса эволюции на 10 этапов даёт для квантового исследования, к тому же, до этого мы имели «семь дней» Бога по Книге и четыре цикла внутри Маха-Юги от Вед?

Десять этапов фотона Света

Давайте попробуем отыскать связь между фотоном света и развитием в различных циклах земных цивилизаций, тем более что у нас уже есть их время существования (таблица 2). Таких основных цивилизаций в духовных источниках Востока, по нашим предположениям, было четыре. Все цивилизации имеют определённое время своего развития, стабильности, заката и исчезновения. Каждая из них развивала соответствующую своему циклу структуру жизни и мира. Это нас навело на мысль, что эти циклы развития цивилизаций могут совпадать с периодами фотона Света. Их у нас также будет четыре.

На рисунке 4 мы показали такое соответствие эволюции человека и материализации элементарной структуры Нави [9], например, планеты Земля. Мы, для простоты понимания и наглядности описания, все периоды кванта света разместили в одной плоскости, чтобы они следовали друг за другом, и длительность их периодов сделали равной. Это дало нам возможность сделать интересный вывод о взаимоотношении между формированием планетарного тела, эволюцией материальных форм и их цивилизаций (рис. 4).

Итак, мы имеем четыре полупериода синусоиды, расположенные последовательно друг за другом. Глядя на рисунок 4, можно сделать вывод о том, что растущие электрические или магнитные колебания любой полярности

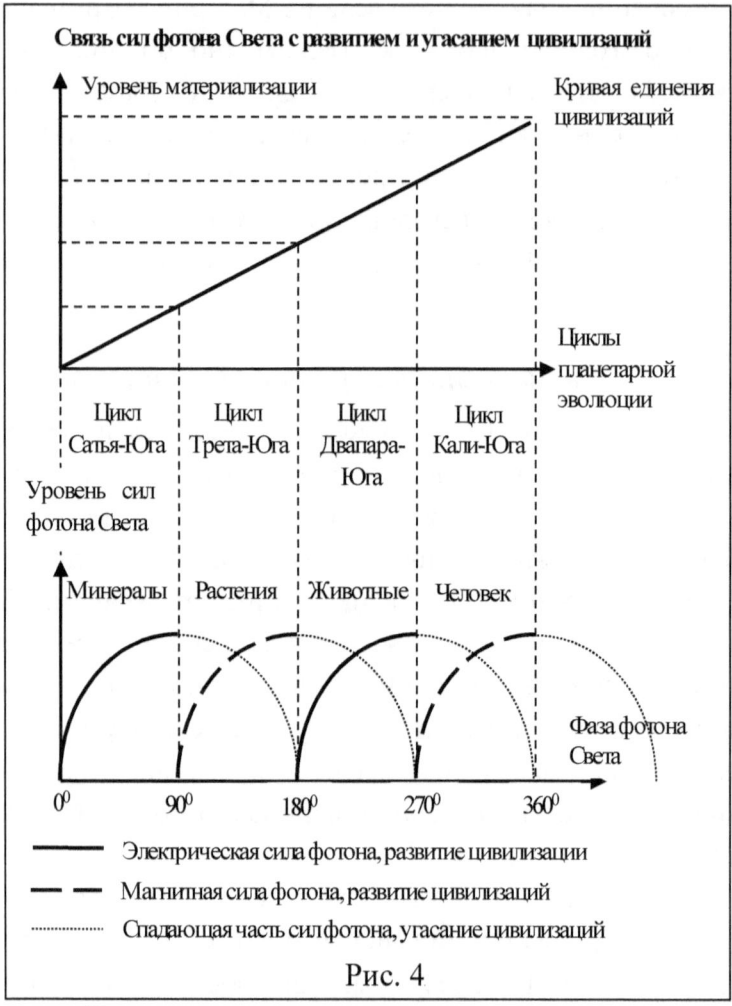

Рис. 4

фотона Света соответствуют своим циклам эволюции цивилизаций, а ниспадающие кривые – угасание этих цивилизаций. Тогда у нас получается, что все циклы развития цивилизаций жёстко связаны с периодами следования фотона Света, хотя это предположение ещё нужно доказать. Здесь мы видим возможность даже совместного существования некоторое время угасающей и развивающейся цивилизаций. Эволюция цивилизаций – это растущая часть периодов колебаний фотона Света, инволюция цивилизаций – это ниспадающая часть периодов его колебаний.

Конечно, это предположение очень серьёзное и даёт нам возможность для исследования различных типов цивилизаций, предшествующих человеку. Оно построено на возможной тождественности циклов эволюции и циклам формирования планеты Земля посредством элементарной структуры Нави [9].

По ходу моделирования нам удалось найти некоторые эволюционные закономерности, которые вскрылись при их сопоставлении. У нас получается, что в конце эволюции планетарного уровня должны образоваться стабильные планетарные системы, которые сформировались и стабилизировались в своём развитии (точка 360^0). Только на этом рисунке 4 нет продолжения действия сил фотона Света далее этой точки. Оно, скорее всего, должно быть обратным, т.е. должно будет произойти свёртывание или угасание нашей цивилизации. Тут же возникает вопрос: что, нам придётся начинать всё сначала и так мы будем крутиться вечно в этом фотоне Света? Тогда зачем нужна нам вся эта эволюция?

Давайте не будем торопиться. Мы только-только пришли к пониманию того, что эволюция жёстко завязана на «механизмах» фотона Света. Но почему Веды расписали ещё внутри каждого цикла по нескольку этапов развития внутри них и указали нам, что их – десять? На нашем рисунке 4 мы пока их не видим. Откуда они взялись, если в фотоне Света их, вроде бы, нет, или есть?

Восточная философия подвела нас к другому энергетическому толкованию при формировании планетарной материи из фотона Света. Всё дело в том, что мы пока не знаем, что происходит с силами и периодами фотона Света *при погружении в Материю*. Мы показали на рисунке 4 идеальный фотон Света, но период такого фотона зависит от наличия в нём величины энергии и количества корпускул [10]. Тогда становиться понятным, почему периоды циклов так различаются по протяжённости друг от друга. Давайте,

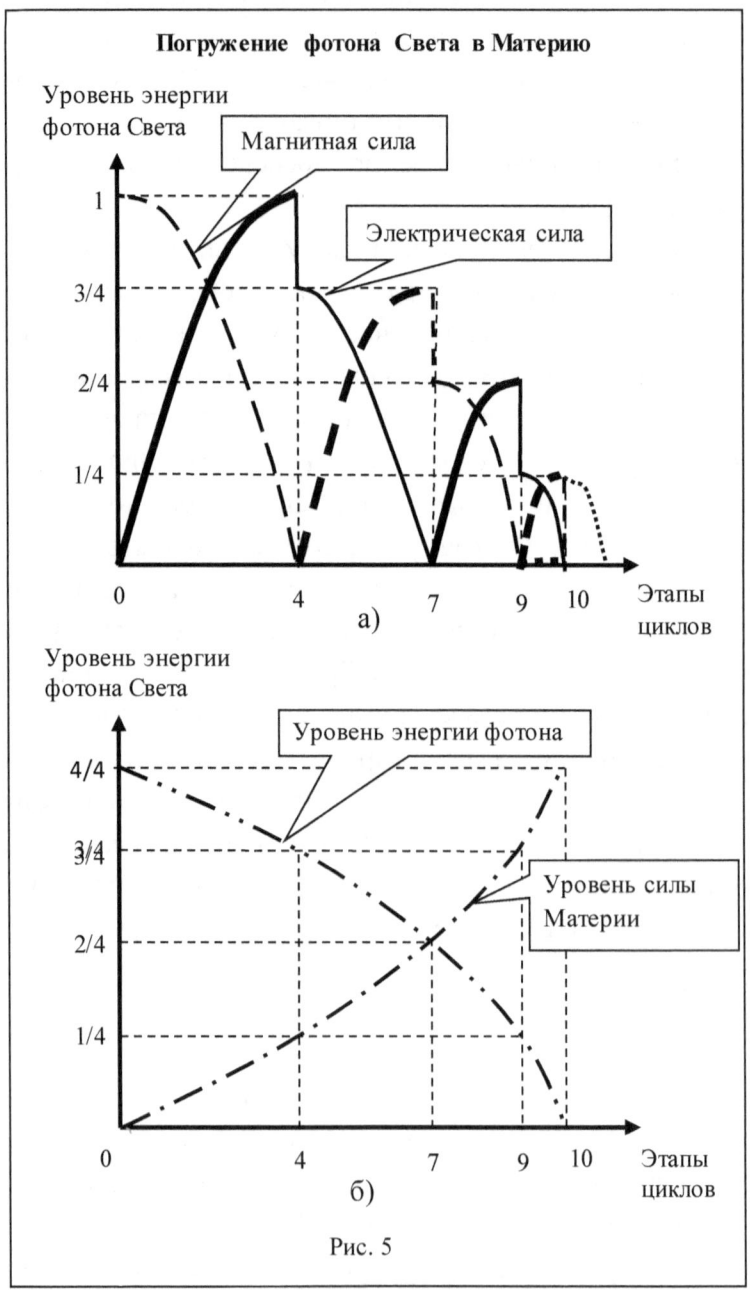

Рис. 5

исходя из ведических знаний, попробуем разбить периоды фотона Света не на равные четыре периода, а на десять этапов и попробуем построить для них новый график (рис. 5а).

Начало первого этапа содержит 4/4 части энергии фотона Света: это его полная энергия. Мы видим, что магнитная сила, которая сразу же возрастает до максимальной величины, даёт нам взрыв Света, как мы определили ранее. Далее она ниспадает, отдавая свою энергию электрической силе. Электрическая сила, забирая энергию у магнитной силы, растёт 4 этапа до такой же максимальной величины. Он, поэтому, – самый продолжительный и имеет 100% (4-е периода) энергии фотона света. На рис. 5а нам пришлось показать на 4-ом этапе падение силы фотона Света на 1/4 часть. На этом падении силы фотона Света заканчиваются первых 4-е этапа цикла Сатья-Юга. Так создавалась плазменно-минеральная материя.

Второй цикл Трета-Юга начинается уже с 3/4 частей от полной энергии Света. Его период сокращается на 1 этап от длительности первого и стал протяжённостью по времени в 3-и этапа. Электрическая сила оставила 1/4 часть своей энергии в цикле Сатья-Юга и теперь она ниспадает, отдавая свою энергию новой магнитной силе. Эта магнитная сила растёт и достигает величины ¾ части от максимума. Она так же оставляет 1/4 часть своей энергии в этом цикле. Это мы наблюдаем в конце 7-ого этапа. Так создавалась плоскостная вращающаяся материя растительного мира.

Третий цикл Двапара-Юга начинается с 2/4 частей максимальной энергии фотона Света – 50% энергии. Она уменьшилась по продолжительности по времени ещё на 1 этап. Продолжительность третьего цикла составляет всего 2-а этапа.

Четвёртый цикл Кали-Юга укоротился по времени уже на 3/4 части от продолжительности первого цикла. Остался всего один этап. Энергия фотона Света так же стала равна 1/4 части от его полной энергии – всего 25%. В конце 4-ого цикла происходит полное погружение фотона Света в Материю с передачей ей всей энергии фотона Света. Материя соединяется со Светом и становиться одухотворённой.

Теперь всё встало на свои места. Мистерии Востока помогли нам понять процесс формирования планетарной материи из фотона Света из цикла в цикл (рис. 5а). На рисунке 5б видно, как постепенно от цикла к циклу уменьшается количество энергии фотона Света на одну её четвёртую часть. Период его колебания, измеряемый количеством этапов, так же уменьшается от цикла к циклу на один этап. А вот уровень силы Материи постепенно растёт точно так же на 1/4 часть в каждом последующем цикле. В конце 10-ого этапа материя обретает всю силу фотона Света. Каждая последующая цивилизация оказывается сильнее и разумнее предыдущей.

В принципе, в нашей «картине-версии» ничего не изменилось, мы просто уточнили этот процесс и правильней его описали. Посмотрите внимательно на рисунок 5а. На нём появилось некоторое отличие от наших предыдущих размышлений. Раньше мы предположили (рис. 4), что планетарная материя развивается по возрастающей кривой сил фотона Света равномерно, с одинаковыми периодами. Теперь же мы уточнили, что это не совсем так, что их развитие и материализация идёт по кривой, рисунок 5б (сила Материи).

Пик расцвета цивилизаций приходится на максимум его сил. Затем наступает их спад и постепенное угасание. По рисунку 5а можно проследить, какие цивилизации соприкасались между собой? Например, плазменная цивилизация ниспадала в своей силе в растительном цикле. Только в нём она полностью материализовалась, т.е. в растительном цикле всё ещё проходило совершенствование плазменных форм. Скорее, это были клеточные формы, как мы утверждали ранее.

Растительная цивилизация совершенствовалась в животном цикле, но к концу 9-ого этапа она полностью материализовалась и далее она уже существовала в готовом виде. Здесь мы говорим о полной готовности и материализации цивилизаций. В нашем человеческом цикле животные всё ещё эволюционируют и к концу цикла Кали-Юга они должны стать совершенными.

Теперь главное, человек закончит своё совершенствование только в новом цикле Сатья-Юга, которое мы назвали духовной эволюцией. Только здесь есть одно противоречие: сила фотона Света закончилась. Что послужит нам Источником для нового цикла Сатья-Юга? Как в ДНК, после отработки нуклеотида, начинается новый нуклеотид, так и у нас появится новый фотон Света.

Совершенно неожиданно нам удалось установить закономерность материализации фотона Света, длительность периодов которого напрямую зависит от величины энергии в этом периоде. Квантовая «механика» подтвердила нам точность предыдущих «картин-версий».

Десять ступеней материальных форм

Мы подтвердили, что могут существовать десять этапов в нашей эволюции. Но теперь встаёт вопрос о том, а какие формы существ могли в них эволюционировать? Ведь эти этапы появились не просто так. Они нам явно указывают на то, что в них менялась структура материальных форм. Мы не будем трогать агрегатное состояние материи, потому что оно имеет отношение только к циклам-Югам. Этапы – это ступени лестницы, по которой взбирались эволюционирующие материальные формы.

Сейчас, рассматривая возможные этапы эволюции цивилизаций, мы увидели новое предположение: эти десять ступеней развития могут принадлежать последнему циклу Кали-Юга (рис. 5а). Но, одновременно, этот рисунок 5а может описывать эволюцию любого цикла и даже Трансцендента.

Он тождественен для всех уровней и циклов, где фотон света погружается в Материю [9, 10].

Почему мы вдруг указали принадлежность рисунка 5а циклу Кали-Юга? Дело в том, что только в этом цикле стало возможным возникновение органических форм материи, которые мы имеем сегодня. Они никак не могли возникнуть в более ранних циклах. Поэтому нам здесь надо сделать некоторую оговорку, что только в этом последнем цикле материальные формы обрели свою истинную современную структуру – «глину», органическую материю. Хотя здесь мы можем и ошибаться.

Давайте попробуем найти те десять отличий в структурах форм материи. Можем ли мы это подтвердить материальными знаниями?

В таблице 3 мы попытались это отобразить. Итак, минералы могут иметь следующие ступени в своём развитии:

1. *простые вещества, самородные элементы;*
2. *бинарные соединения с анионом;*
3. *солеобразные соединения с комплексными анионами;*
4. *делятся на два этапа:*
    - *основной этап – органические соединения (грибы);*
    - *переходной период – одноклеточные и многоклеточные минерально-растительные формы (грибы-растения, как высшие формы грибов).*

Мы тут же нашли подтверждение эволюции минералов четырьмя ступенями, и попробуем то же самое сделать с растениями:

1. *простейшие растения;*
2. *сложные однополые растения (хвойные);*

3. сложные однополые и двуполые растения и к ним же можно отнести появление земноводных, пресмыкающихся, рыб и птиц.

Таблица 3

№ этапа	Циклы Маха-Юги	Предполагаемые виды живых существ.	
1	Цикл Сатья-Юга	Простые вещества, самородные элементы.	
2		Бинарные соединения с анионом.	
3		Солеобразные, с комплексными анионами.	
4		Органические соединения (грибы).	Одноклеточные и многоклеточные минерально-растительные формы (грибы-растения). (Переходной период)
5	Цикл Трета-Юга	Простейшие растения	
6		Сложные однополые растения (хвойные)	
7		Сложные однополые и двуполые растения (лиственные)	Земноводные, пресмыкающиеся, птицы, рыбы. (Переходной период)
8	Цикл Двапара-Юга	Холоднокровные животные	
9		Теплокровные животные	Первобытный животный человек. (Переходной период)
10	Цикл Кали-Юга	Ментальный человек	Переходной период

Всё получается, как в Книге. Снова у нас возникает полное соответствие с тремя периодами развития растений, и снова попытаемся это сделать с эволюцией животных. Их мы поделили на:

1. холоднокровные животные;
2. теплокровные животные, первобытный животный человек (по Книге «мужчина и женщина», сотворённые на «6-ой день»).

Конечно, наше деление на основные этапы эволюции может быть и не совсем верным, но всё же они дают о ней более полное представление. Основываясь на нём, мы можем представить себе и состояние планетарной материи, и развитие самой цивилизации того времени.

Последний 10-ый этап у нас только один и он явно принадлежит современному ментальному человеку. Он вобрал в себе все предыдущие формы, которые материализовались на более ранних этапах.

Как мы поняли, между циклами-югами обязательно существуют переходные периоды, которые позволяют материальным формам адаптироваться к новому агрегатному состоянию Материи. Они соединяют между собой предыдущий и последующий этапы эволюции. Без такого единения невозможен никакой эволюционный переход. Поэтому в переходном периоде обязательно присутствуют и старые и новые виды одновременно, как переходной вид: грибы-растения, растения-животные, животный человек. Не минует он и нашу цивилизацию: одухотворённый человек.

Следующий переходной вид разумного человека напрашивается как одухотворённый человек. Создаётся такое ощущение, что этот переходной период у нас уже начался. Прямо об этом говорит массовое появление детей-индиго и даже кристальных детей. Косвенно, мы видим стагнацию цивилизации и постепенное повышение энергетики планеты, что влечёт за собой рост и силу катастроф и других чрезвычайных ситуаций.

Циклы индийской духовной традиции и «квантовая механика» позволили нам более точно выявить некоторые закономерности в процессе нашей эволюции. Мы теперь на этой основе можем рассмотреть эволюцию любой цивилизации, которые мы указали ранее. Но нам было бы интереснее на этот момент попробовать приложить выявленную закономерность на эволюцию самой Материи, чтобы понять, как эволюционировали её элементарные частицы и тождественно им планетарные системы.

Давайте попытаемся полностью понять эволюцию структур элементарных частиц, из которых Материя создаёт свои формы. Тогда, возможно, мы поймём и то, какие это будут формы.

Глава 6. Эволюция частиц и миров

Нам снова и снова приходится возвращаться к агрегатному состоянию материи и к её структурной эволюции, чтобы лучше понять, какая структура материи существовала во время развития очередной цивилизации. И таких структурных циклов, по нашим предположениям, пока было всего четыре. Мы ещё не дошли до конца своего цикла Кали-Юга, но уже можем предположить ту структуру материи, которая его закончит. Её увенчает ещё одно новое, неизвестное нам, агрегатное состояние материи — это сверхтвёрдая, кристаллическая (сверхорганическая), сверхобъёмная структура четвёртого измерения «a^4».

Мы уже сейчас всё больше и больше используем в нашей научной деятельности радиоактивные материалы. Если перевести их свойства на язык эволюции, то мы вполне можем получить из них новую материю, которая будет излучать энергию сама (?). Новая материя, которую мы пытаемся себе представить венцом нашей эволюции, возможно, будет иметь следующие характеристики: *прозрачная для высоких энергий и излучающая энергию сама: она должно будет светиться своим внутренним светом.*

Из каких элементов будет сделана эта новая материя? Чтобы нам ответить на этот вопрос, нам надо понять весь процесс эволюции элементарных частиц, составляющих нашу материальную форму, и вычислить его закономерности. Конечно, это необходимо, но кто может нам сказать, какими были элементарные частицы в начале нашей эволюции и какое время эволюции прошло до появления первого атома?

В каком цикле образовалась первая атомная структура, из которой строятся современные материальные формы.

Вот и сейчас нам снова придётся предполагать возможные варианты эволюции элементарных частиц, но они уже будут построены на имеющихся у нас знаниях и моделях [9]. Давайте попытаемся смоделировать такой процесс эволюции элементарных частиц в разных циклах.

Точечно-линейный цикл.

Для начала такого описания снова вернёмся к истоку плазменной материи начального цикла Сатья-Юга, первого из четырёх индийских циклов эволюции Земли. Давайте в этом плазменном цикле попробуем смоделировать эволюционное развитие элементарных частиц.

Мы ранее предположили, что начальной частицей здесь могли оказаться частицы плазмы (эфир), которые мы описали как ангелоподобных существ, имеющих шарообразную форму. Это только предположение, но оно исходит из того, что человек должен быть тождественен им, только он, пройдя свою эволюцию, находится на более высоком эволюционном уровне.

Итак, будущая плазменная планета только начинает расширяться и представляет собой подобие «точки» (рис. 3б). Естественно, температура этой плазменной материи была очень высокой, потому что вся энергия Света была сосредоточена на этой «точке». Мы ранее установили, что она находилась в центре и внутри огромного «Солнца»[6], который имел в себе всю энергию Света. Эти частицы могли

---

[6] Солнца в том виде, который мы имеем сегодня, тогда ещё не было. Была некая огромная область Света («Солнце» в кавычках), внутри которой в её центре образовалась плазменная планета. Эта светящаяся область, по нашим меркам, занимала всё пространство до внешней границы будущей солнечной системы, о которой мы сейчас ведём речь.

находиться в такой «горячей» плазме только в свободном состоянии на определённом расстоянии друг от друга, потому что они имеют одноимённые заряды. Это частицы даже ещё не сублиминального уровня, а, скорее, некая первообразная материя-эфир, из которой всё разворачивается.

В цикле Сатья-Юга происходит постепенная передача одной четвёртой части частиц «Солнца» плазменной планете. Вместе с ними ей в такой же пропорции передаётся энергия Света, которая идёт на материализацию планеты. Потеря «Солнцем» четверти энергии Света в конце цикла приводит к уменьшению температуры плазмы планеты. Она, остывая, всё больше сжимает частицы и расстояние между ними уменьшается. Это приводит к тому, что они уже могут начать выстраивать некоторые простейшие линейные структуры.

Далее частицы начинают образовывать некое элементарное суммарное пространство. Они не объединяются друг с другом, а сжимаются и расстояние между ними уменьшается. Плазма остывает неравномерно. Это создаёт в ней разные температурные области. Эти области и являются первыми структурами мира.

Все частицы плазмы всё ещё находятся в свободном состоянии, потому что температура среды ещё довольно высокая. Все находящиеся в такой неоднородной области частицы могли быть только *линейными*, т.е. образующие их элементарные частицы располагались относительно друг друга *линейно*. Почему возникло такое предположение?

Мы, в начале описания нашей эволюции, сказали о том, что возникло два полюса, между которыми частицы Времени из сферы Света перетекали в центр Пространства на плазменную планету (рис. 6). Между этими полюсами возникают разряды *электрической энергии, которая характерна для энергетически частиц времени*. Можно

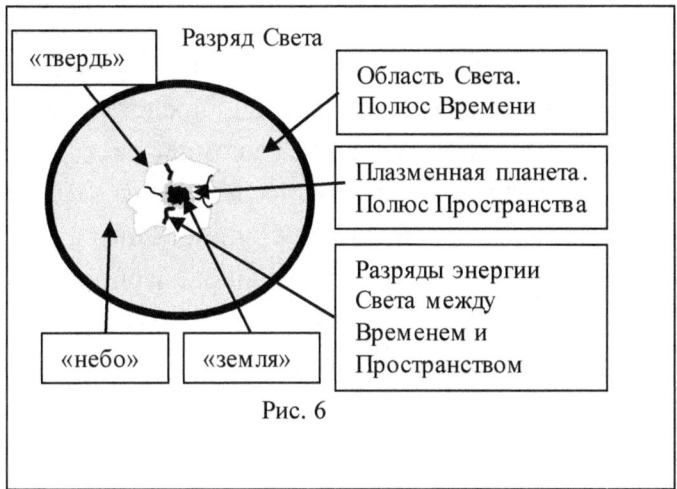

Рис. 6

предположить, что в этом цикле формировалось нечто во времени.

Хотя внешний полюс был сферой, но тем не менее разряд не мог располагаться равномерно по всей внутренней границе сферы. Он мог возникнуть только в тех местах, где частицы Света находились ближе всего к полюсу Пространства, к центру системы. Возникнув в таких местах, он стал передавать частицы Времени плазменной планете Пространства. Естественно, языки «пламени» энергии плазменной планеты вытягивались в сторону Времени, наращивая количество частиц в направлении разряда. Конечно, возможно перескакивание разряда в другие точки, но и там процесс будет тем же самым.

Посмотрите на пламя огня обычного костра. Мы видим его языки пламени, которые можно условно назвать линейными. Температура пламени точно так же разная. Это выдаёт его цвет. Пламя огня получается неоднородным, но единым. Плазменная планета является такой же неоднородной. Вторым таким примером линейности может служить обычная молния, которая является практически линейной.

Итак, мы подошли к тому, что, возможно, плазменная планета была подобна «точке с иголками», торчащими в разные стороны. Точечная частица представляет собой бесконечно малый объём. Такие частицы под действием линейной силы разряда выстраивались друг за другом и принимали форму «точечной» линии. Они становятся прообразом будущих электронов, мезонов, барионов и т.д. За время эволюции они постепенно полнеют, но соединения их в атомы пока ещё, из-за высокой температуры среды, не происходит.

Плазменная планета – это не просто случайное образование «точек» и линий, как может показаться на первый взгляд. Любая частицы плазмы имеет в себе в свёрнутом виде свою структуру, которую она далее будет, эволюционируя, развёртывать. Мы не знаем, кем она станет? Она может стать в будущем электроном, протоном, кварком и даже человеком.

Линии – это уже более сложные структуры, например, атомов, которые пока ещё свёрнуты в линию, но здесь уже наметилась их будущая структура. Так что весь мир плазменной планеты – это свёрнутая структура будущей планетарной системы. Но это только её точечно-линейный набросок, абрис. Все эти проявленные структуры фиксирует энергия Света, а запоминает – Материя.

Первый цикл эволюции Сатья-Юга был циклом *точечно-линейной эволюции неких первичных элементарных частиц Материи*. Первые *«точки»* Света эволюционировали в *«линии»*. Этот цикл закончится точечно-линейными существами на плазменной планете, и вся предполагаемая жизнь на планете так же была точечно-линейной. Это первое развёртывание Материи и получение в ней <u>*«точечно-линейных» частиц времени*</u>.

Плоскостные формы.

Наше материальное видение и воображение не позволяет нам в полной мере понять истину плазменной планеты. Мы видим её однобоко и только со своей материальной стороны. На самом деле, всё обстоит намного сложнее, ведь существует ещё Время, которое мы не видим и даже вообразить себе не можем. А как в нём могут «играть» между собой частицы Света?

Плазменная планета только принимает частицы Света. Мы, ранее, уже говорили о фотоне Света, который должен полностью погрузиться в Материю. В конечном итоге, все его частицы должны стать материальными. На рисунке 6 мы имеем над «твердью» «небо», а под ней – «землю». «Небо» имеет отношение к Времени, а «земля» – к Пространству. «Небо» – это и есть тот фотон Света, который погружается в Материю и который, в конце концов, полностью становится «землёю».

«Земля» – это не совсем планета или планетарная система, а гораздо более сложная структура. Для сведения: она содержит в себе множественные плоскости, на которых она распределяет, полученные частицы Света [9]. Это, для начала, плоскости положительного и отрицательного пространства и времени, которые составляют элементарную структуру Нави положительного Пространства. Кроме этого сюда можно отнести ещё четыре таких же плоскости, которые уже будут принадлежать элементарной структуре Нави положительного Времени. Если ещё к ним добавить новые структуры Нави отрицательного Пространства и отрицательного Времени, то мы получим, в итоге, уже шестнадцать плоскостей, но и это не предел структуры «земли».

Не будет здесь влезать в дерби структуризации Материи и не будем так глубоко заглядывать в структуры мироздания.

Мы примем это просто как необходимые сведения и попытаемся далее, с материальной позиции, описать продолжение процесса формирования атомных структур. Давайте попробуем спрогнозировать дальнейшую эволюцию частиц.

Следующим циклом в нашей эволюции у нас оказывается цикл Трета-Юга, цикл газообразных существ. Если его перевести в математический символ, то наши «точки и линии» должны начать вращаться и эволюционировать в «*плоскость*». Для этого нужна новая сила. Если в предыдущем цикле действовала электрическая сила фотона Света, то в этом цикле будет работать его магнитная сила. Это она будет вращать частицы и ...

Рис. 7

Эта сила, как мы указали ранее, раскручивает плазменную планету и сферу вокруг своих осей. Возникают центростремительная и центробежная силы, которые вытягивают их в плоскости. Плазменная планета и сфера Света становятся дискообразными (рис. 7). Их вращение происходит в разные стороны встречно. Из-за различного направления вращений между Временем и Пространством продолжают возникать разряды, которые носят уже *магнитный характер, который свойственен для образования <u>пространственных материальных частиц</u>*. Здесь уже формируется нечто пространственное и материальное.

Чтобы получить из частиц плоскость их надо раскрутить, т.е. «линии» надо заставить вращаться *вокруг собственной оси*. Если в первом цикле действует направленная линейная электрическая сила, то второй цикл у нас проявляет магнитную силу, которая сама вращается и

Глава 6. Эволюция разумов цивилизаций

заставляет вращаться все созданные ранее линейные структуры. Она так же забирает из сферы Времени ещё одну четвёртую часть частиц и энергии.

Магнитные частицы будут физически отличаться от частиц, ранее полученных при помощи электрической силы. Их плоскость вращения будет перпендикулярна плоскости вращения электрических частиц. В результате такого различия, они как-бы приобретают разные заряды и уже могут взаимодействовать между собой. Эти пары частицы уже не только не отталкиваются друг от друга, а, наоборот, притягиваются друг к другу, образуя пока ещё простейшие соединения – *диполи*.

Здесь нужно опять оговориться: линейные электрические частицы линейны только в плоскости Пространства, а во внутреннем времени, которое есть в Пространстве [9], они имеют своё вращение и плоскость.

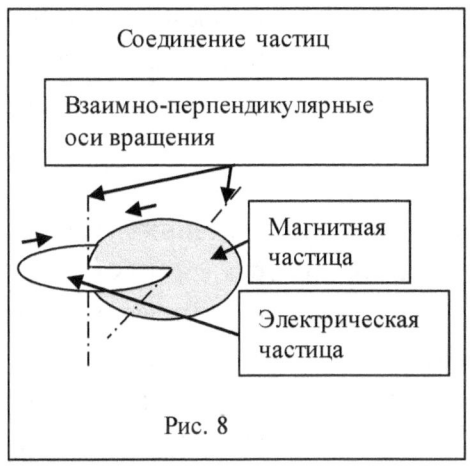

Рис. 8

Линия – это проекция плоскости электрической частицы в Пространстве. Электрические частицы полностью зеркальны магнитным частицам и полностью тождественны им. В этом случае возникают двойные плоскостные элементарные частицы (рис. 8). Они уже способны соединяться не только как электрические и магнитные частицы, а как *единая, двойная по заряду, структура-диполь*.

Диполь со стороны электрической частицы имеет электрический заряд, а со стороны магнитной – магнитный заряд. Вполне возможно присоединение к ним таких же двойных структур. На рисунке 8 мы видим простейшее соединение двух таких частиц и получение из них *первого атома водорода*, правда пока ещё в плоскостном исполнении. Но это уже, всё же, структура атома водорода [9]. Две такие структуры дают нам более сложную структуру гелия. Дальнейшее наращивание сложности структур уже стало вполне возможным, но высокая температура планеты ещё не позволяет им проявляться и стабилизироваться.

Мы предполагаем, что во втором цикле могли существовали только два типа атомов: водород и гелий. Для более сложной структуры, чтобы её удержать на «земле» нужны бо́льшие энергии Материи. Но второй цикл – это только две части силы фотона Света, т.е. половина его возможностей. Вполне возможно, что в конце цикла, когда магнитная сила обретёт свой максимум, мы получим более сложные плоскостные элементы.

Каждая такая элементарная частица вращается вокруг своей собственной оси, образуя дискообразную форму (рис. 8). Мы специально оговариваем вращение только вокруг своей собственной оси, ибо вращения по орбите ещё не существует.

...

Здесь уместно вспомнить описание древних духовных традиций о Земле в виде диска, покоящегося на трёх слонах, трёх китах, трёх черепахах и т.п. Диск мы уже получили, как плоскостную планету, а цифра три, скорее, означает наличие частей Истины. В этом цикле их – три. Эти древние символы говорят нам о нашей возможной правоте, косвенно подтверждая результаты нашего исследования.

...

«Вырастает» в плоскость весь мир нашей будущей планеты. Весь материальный мир постепенно становиться *плоским*, а структура материи двойной: *газообразной и плазменной*. Если внимательно посмотреть на рисунок 7, то можно увидеть, что только край диска плазменной планеты близок к Свету. Получается, что он значительно более разогрет, чем центр планеты. Плазма, скорее, будет существовать снаружи дискообразной планеты, а газообразная среда образуется не снаружи, в внутри неё, где температуры планеты явно должна быть ниже. Тогда планета у нас получается *вогнутая*. *Жизнь плоскостных существ здесь происходит не снаружи, а внутри планеты*. Мы пока оставим этот вывод и посмотрим на то, как вогнутая планета превратиться далее в *выпуклую*, ведь мы сегодня имеем её такой.

Можно предположить, что в конце этого цикла более поздние живые формы имели уже костный скелет, состоящий из новых химических элементов, но они ещё не были фиксированными. Итак, наши предки имели газообразное тела и жили в газообразном плоскостном мире. Их разум уже стал *точечно-линейно-плоскостным, второго измерения* – «a^2». Это очень хорошо видно на современных растениях, – мы повторимся, – которые имеют стебли в виде линий, а листья в виде плоскостей, но даже стебли созданы из трубок, которые есть ни что иное, как плоскости, свёрнутые трубкой.

Есть определённый пример подобной газообразной цивилизации: если посмотреть на наше небо, то мы увидим там облака, которые и являются представителями той далёкой цивилизации газообразных существ. Их жизнь была подобной им. Облака могут рождаться, расти, соединяться и образовывать большие «тела», поглощать себе подобных, умирать. Но мы не видим сам воздух, а это тоже газообразные существа, которые могут управлять ураганом, тайфуном, бурей, простым ветром, или вообще отдыхать не шевелясь.

По мере остывания планеты, эти газообразные существа, пополнившись новыми элементами, становились более тяжёлыми. Они далее постепенно коснулись поверхности планеты, где и стали «пускать корни», превращаясь в первые растения.

Так, возможно, возникли первые растительные формы с газообразными стеблями и более твёрдыми корнями, которые проникли внутрь поверхности остывающей плазменной планеты. Постепенно, к концу второго цикла, агрегатное состояние плоскостных элементов-атомов могло измениться. Стало возможным проявление более сложных элементов. Эти, уже объёмные «твёрдые», частицы, отличные от газа, образуют «сушу и моря».

В конце второго цикла *мир стал полностью плоскостным и все элементарные частицы тоже стали плоскостными, а агрегатное состояние материи – плазма и газ*. Это предположение о последовательной эволюции элементов Материи, которая будет идти параллельно общей эволюции солнечной системы, может быть верным, если исходить из действия определённых сил в циклах.

Давайте теперь попробуем доказать правильность нашего предположения, приведя описание формирования нашей вселенной данное в разделе «Космология» [6]: *«Спустя 3 минуты после начала расширения температура во вселенной упала примерно до миллиарда градусов, и стали происходить ядерные реакции объединения протонов и нейтронов в ядре атомов гелия. В результате после 5 минут расширения плазма вселенной состояла на 30 % из ядер атомов гелия и на 70 % из ядер атомов водорода. Ядерные реакции к этому времени затухли, и химический состав плазмы остался неизменным с тех пор, вплоть до нашего времени».*

Конечно, это тоже только предположение, утверждённое нашей наукой. Но что нам ещё надо для доказательства описанного нами газообразного цикла Трета-Юга?

«Спустя миллион лет температура её (плазмы) упала примерно до 4000 К. В эту эпоху произошло превращение плазмы в нейтральный газ – электроны захватывались

атомными ядрами... До этого периода, плазма была непрозрачная для реликтового излучения. После рекомбинации газ стал прозрачным. ... давление в непрозрачной плазме мешало силам тяготения собирать вещество в отдельные сгустки и образовывать отдельные тела и их системы».

Практически опять полное подтверждение наших предположений. После плазменного мира образовался газообразный мир, а его непрозрачность в начальный момент говорит о том, что шла его подгонка под структуру Света. После рекомбинации газообразного мира в конце цикла газообразных существ, когда всё расставлялось по своим местам в газовой цивилизации, произошло его очищение от «грязных» структур и начали формироваться «маленькие первоначальные сгущения» материи для следующего цикла. Получается, что наша наука, в частности физика, и жизнь идентичны. Рассматривать физику и жизнь отдельно нельзя.

Обратимся снова к тому же источнику, где говорится о нашей галактике:

«*... наша галактика представляет собой дископодобное образование, утолщающееся к центру. Этот диск неоднороден: он имеет спиральную структуру и вращается с переменной угловой скоростью, большей в центральных областях диска, меньшей на его периферии.*

... Галактику можно рассматривать как очень разряженный газ, в котором роль молекул играют звёзды.

... Мир галактик во вселенной довольно разнообразен. Таких галактик, как наша (спиральных), приблизительно 80%...»

...

Дискообразная форма и газообразное состояние присутствуют и здесь, в описании галактики. Это описание наталкивает нас на определённую мысль: а что если циклы-

Юги располагаются не только внутри наших 7-ми уровней, а и параллельно им во вселенной?

Ступени элементов и уровни эволюции

Мы уже предположили, что первыми атомами в цикле Трета-Юга стали первые элементы периодической таблицы

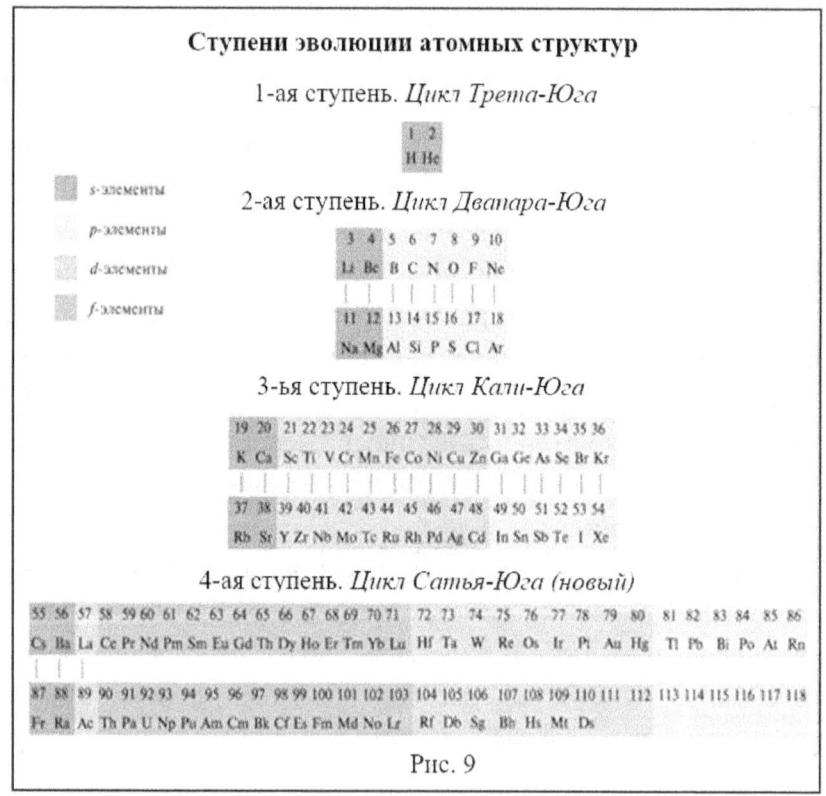

Рис. 9

Д.И. Менделеева (рис. 9) – это водород и гелий. Это её *первая ступень*[7], но пока она у нас получается плоская. Здесь возникло предположение, что лестничное представление таблицы Д.И. Менделеева полностью соответствует циклам их структурной эволюции в Материи. По её ступеням можно определить, какие элементы и в каких циклах появлялись. Все

---

[7] Лестничная форма представления таблицы Д.И. Менделеева

эти ступени таблицы Д.И. Менделеева суммируются в процессе эволюции.

Теперь нам необходимо определиться в том, были ли в этом цикле Трета-Юга атомы плоскими или уже закончившими свою эволюцию?

Атомное время эволюции на один цикл, если не на два, может опережать время эволюции солнечной системы. Мы их, конечно, уже можем признать атомами, прошедшими свою эволюцию, как водород и гелий, но температура планеты ещё не даёт им стать таковыми. Как только она позволит им перейти на их новый эволюционный уровень, то они это, по нашим меркам, сделают почти мгновенно. Пока температура среды во втором цикле не позволяет им структурироваться в более сложные атомы. Кроме того, ещё отсутствует сила, которая позволила бы им это осуществить. Хотя на их планетарном уровне (2-ой уровень), она уже может действовать.

Итак, в начале второго цикла Трета-Юга температура среды позволила появиться только плоским атомам двух типов: водороду и гелию (первая ступень таблицы). Вполне возможно, что эти первые атомы могли быть действительно дископодобными, но в следующим цикле за короткий промежуток времени могли обрести другую форму.

Наши предположения сейчас вошли в некий сложный период, когда трудно точно утверждать, что эволюция элементов Материи шла именно таким путём. Четыре цикла духовных традиций и квантовые процессы помогают нам понять эти процессы полнее и глубже. В каждом цикле действует свой тип силы или энергии, которая равна одной четвёртой части единой энергии цикла Маха-Юга. Это нам говорит, что все в цикле подчиняется этой силе.

Если говорить о силах, то все предыдущие эволюционные завоевания этих сил остаются без изменения даже при воздействии другой силы, следующей за ней. Только если она не действует в их плоскости, она их не затрагивает, а только вбирает в себе и дополняется новыми свойствами. Здесь вступает в силу закон памяти Материи. Например, «точки-линии» первого цикла остаются теми же во втором цикле, но только они раскручиваются в плоскости с постепенным наращиванием количества частиц. Плоскостные элементы второго цикла останутся точно такими же в следующем цикле, только воздействие силы этого цикла сделает их структуру другой, более сложной.

У нас «перед глазами» есть явные примеры тех описаний, которые мы сделали. Например, дискообразная структура Материи очень похожа на структуру современной галактики Млечного пути, которая, раскручиваясь спиралеобразно и расширяясь, разворачивается в плоскость (a^2). Следующий явный пример – это наша солнечная система, которая до сих пор ещё имеет явный плоскостной характер – плоскость эклиптики не вращается вокруг собственной оси. Объём –это сама планета Земля (a^3), вращающаяся вокруг собственной оси. Её же вращение вокруг удалённого центра (Солнца), даёт уже сверхобъём (a^4). Тогда наша вселенная есть ни что иное как точечно-линейная плазменная структура (a^0, a^1). Здесь уже можно составить таблицу структур Материи и её циклов эволюции в зависимости от планетарного уровня (таблица 4).

Итак, 1-ый сублиминальный уровень нам ничего в плане исследования не даст: мы мало, что о нём знаем. Атомный уровень нам уже хорошо известен. Атомы явно неплоские и имеют вращающуюся плоскость эклиптики. Они получаются у нас какими-то суперобъёмными (a^5). Здесь не только планета вращается вокруг удалённого центра, но и сама плоскость эклиптики вращается вокруг своей оси. С этим мы можем согласиться.

Планетарная система Души нам так же мало известна [11]. Если исходить из измерения разума человека, как представителя этой системы, то мы получаем у него наличие разума, а это уже сверхобъём (a^4). Возможно, что

Таблица 4

№ уровня	Название планетарного уровня	Название цикла	Структура Материи
1	Сублиминальный	Сатья-Юга (новый)	...объёмная (a^5), (a^6)
2	Атомный	Сатья-Юга (новый)	...объёмная (a^5)
3	Система Души	Кали-Юга	Сверхобъёмная (a^4)
4	Гелиоцентрическая планетарная система	Кали-Юга	Сверхобъёмная (a^4)
?	?	Двапара-Юга	Объёмная (a^3)
5	Галактика	Трета-Юга	Плоскостная (a^2)
6	Вселенная	Сатья-Юга	Точечно-линейная (a^1)
7	Трансцендент	Сатья-Юга	Точечная (a^0)

планета Душа, как и Земля, уже вращается вокруг своего солнца. Но наша цивилизация явно не имеет в своём разуме большего измерения, чем a^3. Разум a^4 у нас большая редкость и таких людей мы называем гениями. Вращения плоскости эклиптики вокруг своей оси здесь явно отсутствует. Поэтому циклом этого уровня напрашивается только цикл Кали-Юга.

Солнечная система так же явно относится к циклу Кали-Юга. Она у нас на виду и имеет планету Земля, вращающуюся вокруг удалённого центра — измерение a^4, сверхобъём. Вращения плоскости эклиптики вокруг своей оси здесь пока отсутствует или оно нам не видно.

Далее возникает нестыковка: галактика имеет явно плоскостной и газообразный характер, что мы и показали в таблице 4. Она, по всей видимости, имеет цикл Трета-Юга с измерением a^2. Вселенная — это плазменная «планета» — a^1. От галактики в сторону увеличения планетарного уровня у нас получается уже всё правильно, но где-то выпал цикл Двапара-

Юга и его объёмное измерение a^3. В таблице 4 мы специально оставили пустыми две ячейки, которые и должны содержать в себе нечто, что даёт измерение a^3.

Такая нестыковка в структурах уже возникала ранее [10]. Тогда удалось предположить, что Земля имеет двойственную структуру планетарной системы: пространственную планету Земля (геоцентрическая система) и планету Времени Солнце (гелиоцентрическая система). Пространственная планета в гелиоцентрической системе уже имеет четвёртое измерение a^4, и она нами в таблице 4 указана.

Планета Времени Солнце нам не видна и скрыта за его термоядерной оболочкой. Но именно она напрямую связана с разумом цивилизации [11]. Мы пока ещё до сих пор не имеем в нём четвёртого измерения и пользуемся только трёхмерным разумом a^3. Это указывает нам на то, что эта планета Времени до сих пор ещё имеет это измерение, к которому напрашивается цикл Двапара-Юга. Получается, что мы до сих пор ещё используем только животный разум третьего измерения a^3.

Переход к четвёртому измерению к a^4 у нас ещё не произошёл. В этом случае, Солнце должно начать вращаться вокруг удалённого центра системы. Возможно оно и сейчас уже вращается вокруг него, но мы то видим его стоящим на месте и только как объём, вращающийся вокруг собственной оси. Пространственная Земля вращается вокруг удалённого центра, а Солнце до сих пор вращается вокруг собственной оси. Это лишний раз доказывает нам, что оно имеет только 3-е измерение разума a^3.

Мы не будем далее вдаваться в эти планетарные «дрязги», но уточним, что кроме гелиоцентрической системы Коперника существует ещё геоцентрическая система Птолемея с центром планетой Земля. Солнце в ней является обычной планетой Времени с a^4, которая вращается вокруг удалённого центра [9]. Обе эти системы сами вращаются вокруг некоего единого центра системы. *Гелиоцентрическая система – это система материальной эволюции, а геоцентрическая система – духовной эволюции.* Их единением станет одухотворённая солнечная система с измерением разума a^5. Это возможное наше сверхразумное будущее. Только здесь мы уже имеем в виду планетарные системы Души человека, ведь именно они «дают» нам разум.

Нам удалось найти третье измерение. Мы теперь можем уточнить нашу таблицу 4, заполнив в ней пустые ячейки планетой Солнце (таблица 5).

Таблица 5

№ уровня	Название планетарного уровня	Название цикла	Структура Материи
1	Сублиминальный	Сатья-Юга (новый)	…объёмная (a^5), (a^6)
2	Атомный	Сатья-Юга (новый)	…объёмная (a^5)
3	Система Души	Кали-Юга	Сверхобъёмная (a^4)
4а	Гелиоцентрическая планетарная система	Кали-Юга	Сверхобъёмная (a^4)
4б	Геоцентрическая планетарная система	Двапара-Юга	Объёмная (a^3)
5	Галактика	Трета-Юга	Плоскостная (a^2)
6	Вселенная	Сатья-Юга	Точечно-линейная (a^1)
7	Трансцендент	Сатья-Юга	Точечная (a^0)

Теперь у нас всё сошлось. Все измерения стали последовательными от уровня к уровню. Здесь не нужно ни чему удивляться, ведь, как мы утверждали ранее, мы не можем видеть и исследовать Время. Солнце у нас является планетой Времени и потому – тайной. Только она, скрыто от нас и через нас, определяет разум всей цивилизации. Так что мы пока находимся на животном уровне разума, но сам человек уже переходит к его новому четырёхмерному типу a^4.

Духовность имеет отношение ко Времени и именно духовная эволюция, следующая за материальной эволюцией, переведёт наш разум в четвёртое измерение. Она и есть то четвёртое измерение Времени, от которого мы до сих пор сами же и шарахаемся. Мы считаем духовность чем-то нереальной и даже вредной, связывая её с религиями. Переход к духовности и через неё ко Времени даст нам возможность закончить эволюцию разумного человека и полностью обрести ментальный одухотворённый разум измерения a^4, каким он и должен быть.

Только с духовностью мы уже опаздываем и пришло время сказать больше: реальностью уже стал следующий тип разума – супраментальный разум (сверхразум), который переведёт нас в пятое измерение a^5. Только он способен соединить обе планетарные системы Солнца и Земли в единое целое. Он уже присутствует в нашем мире и в нашем разуме, только ещё в зачаточном состоянии. Сверхразум уже здесь на планете, о чём мы говорили ранее [1].

Если сегодня мы вместе с планетой Земля вращаемся вокруг Солнца, дающее нам в будущем четвёртое измерение в разуме, то оно само для нашего разума стоит на месте, что означает третье измерение. Мы через него познаём материю и имеем материальный разум третьего измерения. Далее наша задача состоит в том, чтобы своё сознание перенести в некий центр единой планетарной системы [9], что позволит нам иметь уже вращающееся Солнце вокруг центра единой системы, что нам тут же даст четвёртое измерение, и иметь планету Земля, так же вращающуюся вокруг этого же центра системы.

Нам уже пора «разбудить» в себе духовный разум и в своём сознании переключиться с планеты Солнце на единый центр планетарной системы Души. Только так мы сможем совершенствоваться далее в духовном разуме и одухотворить себя.

Объёмная цивилизация.

Плоскостная цивилизация цикла Трета-Юга помогла нам найти некоторые закономерности эволюции не только внутри неё, но и снаружи на семи планетарных уровнях. Мы определились, что разум последовательно от цикла к циклу наращивает свои измерения, но теряя Истину. Давайте перейдём к следующему третьему циклу, чтобы ещё более убедиться в этом.

Это будет третий витальный (животный) цикл Двапара-Юга. В его начале мы имеем плоскостные элементарные частицы и плоскостную растительную жизнь на плоской дисковой планете. Материя уже обрела первичные и, пока ещё, плоскостные формы, которые дали нам растения. Следующий математический символ, идущий за плоскостью – это *объём a^3*. Плоскостная цивилизация заканчивает своё существование и должна появиться новая цивилизация объёмного животного мира. Если мы представим себе мир динозавров, то он сильно объёмный, судя по их огромным формам.

Снова проявляется, *растущая в своей энергии, электрическая сила с отрицательным знаком*. Она начинает воздействовать на плоскостную материю, *«раздувая» наши плоскостные формы в объёмы*. Действие этой электрической силы похоже на действие силы первого цикла, только она направлена в противоположную сторону. Она такая же линейная в Пространстве, только её действие уже направлено на расширение центра плоскости: она как бы «раздувает» плоскость диска в середине, превращая его в шар, которые продолжает вращаться вокруг своей оси.

Давайте спрогнозируем здесь развитие солнечной системы, не забывая, что она постоянно расширяется и в неё вливается всё большее количество частиц. Теперь в центре системы меняется знак силы на противоположный. Теперь он из Пространственного становится центром Времени. Планета Пространства Земля теперь выталкивается из центра и постепенно, с наращиванием электрической силы, стабилизируется на своей удалённой от центра орбите (рис. 3г). В третьем цикле все планеты «выдавливаются» из центра системы и выстраиваются последовательно по одной линии, занимая свои места на определённом удалении от центра системы.

И наоборот, к центру системы устремляются частицы Времени, ранее находившиеся вокруг планеты, образуя в нём светящуюся «сферу». Теперь вся энергия Времени сосредотачивается в центре системы. Она, наконец-то, образует Солнце, которое светиться до сих пор, передавая энергию Времени в Пространство.

Планеты солнечной системы этой силой выталкиваются из центра системы и выстраиваются, возможно, в линию – это парад планет, которые уже начинают занимать, отведённые им места, на своих орбитах системы. Постепенно, удаляясь от центра системы, они, как бы, «раздуваются» и принимают вид шаров, при этом, они продолжают вращаться вокруг своей оси. В центре системы постепенно появляется будущее Солнце. Это и есть *эволюция плоскостных систем, планет, атомов в объёмные формы*.

Конечно, температура планеты постепенно падает, т.к. она удаляется всё дальше от центра системы, постоянно вращаясь вокруг своей оси. Удаление от центра системы, в котором уже имеет место нечто похожее на наше Солнце, но ещё не сформированное до конца, позволяет значительно снизить температуру поверхности планеты. Поверхность планеты постепенно остывает и газы, ещё больше охлаждаясь, создают новые соединения, и появляется вода и минеральная суша, о чём, как раз, и говорила Книга на «третий день» происхождения человека.

На планете вода была всё ещё сильно нагретая, в отдельных местах даже кипящая, но она уже позволяла появиться новым видам живых существ – *жидкостным существам, которые стали ими из газообразных существ*. Появляется новая материя, которая уже изменяет свойства материи этого мира. Она становиться полностью объёмной. Кроме того, жидкость позволила изменить некоторые растительные формы, которые стали обладать движением.

Это были первые холоднокровные животные, которые жили на горячей планете, и им не было необходимости поддерживать постоянную температуру тела для своей жизнедеятельности. Естественно, им было достаточно тепла энергии Света для своего существования.

Третий цикл – это цивилизация *объёмных жидкостных существ – животных*. Мы всё же предполагаем, что формы животных были развиты из форм растений, которые опередили остальные их типы в своей эволюции. Они и должны были опередить остальных растений, хотя Бог их создал сам. Книга не говорит, что они появились посредством эволюции, а утверждает, что их сотворил Бог.

Попробуйте сами, например, из цветка розы получить животный вид «розу», который должен двигаться. Вряд-ли у нас из этого что-нибудь получиться. И даже явно ничего не получиться, если только не изменить её ДНК. А это мог сделать только Бог в своей лаборатории. Мы этот вопрос обязательно поднимем, а пока пойдём далее.

Эволюция разума материальных форм прошла новый виток. Он стал *«объёмным»*, а таблица периодических элементов в этом третьем цикле, возможно, пополнилась в самом его начале новой *второй ступенькой*, которую уже могла обрести в конце второго цикла Трета-Юга. Весь мир и весь Космос теперь стал объёмным. Не надо забывать о том, что количество материи в системе постоянно растёт, растёт оно и в материальных формах. Сложность атомов так же постоянно возрастает, т.к. температура планеты падает. Она уже распределяется по ней неравномерно: на полюсах она значительно ниже, чем на экваторе.

В конце третьего цикла мы имеем объёмных животных, объёмные атомы, электроны, протоны, и им подобные элементы. Структура атомов, в конце третьего цикла возрастает до уровня третьей ступени таблицы Менделеева.

Разум становится «точечно-линейно-объёмным» третьего измерения – a^3. В конце цикла температура планеты значительно падает, потому что она удаляется от Солнца. На её полюсах уже вполне могут образоваться ледяные «шапки». Вполне вероятно существование ледникового периода. Холоднокровные животные в нём не выживают и многие виды вымирают. Выживают из них только те, которые могут выдерживать замораживание. Появляются теплокровные животные, которые уже могут жить при низких температурах среды. В этом цикле, как сказано в Книге, уже существуют мужчина и женщина, созданные по подобию Бога. Это животные люди, которые ещё не обладают умом, а имеют только животный разум. Вид животного человека – это высшая иерархия животного мира.

Так, приблизительно, заканчивается цикл Двапара-Юга, цикл объёмных существ.

Сверхобъёмная цивилизация.

Теперь мы вплотную подошли к нашему человеческому циклу – это четвёртый цикл Кали-Юга. Куда далее поведёт нас эволюция, какой следующий математический символ нас ожидает? Наши «объёмные» символы, символы третьего измерения должны уже давно закончить свою эволюцию. Теперь впереди нас ждёт *символ четвёртого измерения – назовём его пока – «сверхобъём»* (рис. 3д). Получается, что *объём должен эволюционировать в «сверхобъём»*, но как это понять нашим пока ещё объёмным животным разумом третьего измерения?

Вращение планеты вокруг центра системы по орбите в плоскости эклиптики и есть понятие этого сверхобъёма четвёртого измерения – a^4. Мы как бы заставляем третье измерение вращаться вокруг центра системы по орбите, создавая, таким образом, четвёртое измерение Времени, образующее ещё большее Пространство планетарной системы.

Только теперь, в этом цикле Кали-Юга, наша планета Земля стала вращаться вокруг Солнца по своей, возможно ещё удаляющейся от центра системы, орбите. В Книге – это описание *«четвёртого дня».* Мы получаем плоскостную систему четвёртого измерения, и наша солнечная система пока является таковой до сих пор.

В этом цикле возникает новая магнитная сила, которая по своим свойствам соответствует силе второго цикла, но имеет противоположный знак. Эта сила заставляет планеты вращаться по своим орбитам. Сегодня мы имеет планетарную систему, в которой все планеты вращаются по орбитам в одной плоскости планетарной системы Пространства. Эта система постепенно расширяется в Пространстве. Орбиты планет до сих пор незначительно увеличиваются.

Мы сегодня имеет почти окончательный вариант структуры планетарной системы в Пространстве. Во Времени, как мы определились ранее, мы еще не перешли к измерению a^4. Наше Солнце, вместе с Землёю, ещё в нашем разуме не вращается вокруг удалённого центра.

Обратимся к нашему разуму, который в начале нашего цикла должен быть объёмным, животного происхождения, а в конце цикла стать сверхобъёмным, четвёртого измерения. Мы должны от жидкостного разума перейти к ментальному разуму, созданного из «твёрдой» структуры материи – это более сложная структура органической материи. Она ещё не закончила своей структурной эволюции.

Органическая материя нашего мира ещё несовершенна и дальнейшее её совершенствование (рекомбинация) приведёт, возможно, к созданию новой структуры «органической» материи, которая будет прозрачной для энергий и будет сама излучать свою внутреннюю энергию в Пространство и Время. С ней должно произойти то же самое, что и с атмосферой и водой, которые после подобных рекомбинаций стали, в конце своих циклов, прозрачными. Возникает предположение о том, что новая материя будет строиться из каких-то других, возможно даже новых элементов.

Энергетика Земли должна будет возрасти, ведь ещё четвёртая часть энергии Света перейдёт в наш мир. Все материальные формы должны быть готовыми к повышению энергетики планеты, ведь каждый новый тип разума обладает на порядок большей энергией, чем предыдущий. Это будет означать, что будущее нашей цивилизации будет более высокоэнергетическим, чем современное настоящее. Это доказывает необходимость обретения современным человеком новой структуры материи, которая должна выдержать такую энергетику. Для этого необходимо очистить свой разум от тёмных структур материи и оставить в нём только гармоничные будущему структуры.

Мы предполагаем *две новые ступени будущей эволюции человека*. Сегодня мы уже обрели материальное тело и заполнили его материальным обычным разумом. Это то, что почти уже сделано. Далее наступает новая ступень эволюции – это *духовная эволюция*. Без неё нам четвёртого измерения в разуме не видать. Это не религии, не йоги, не другие духовные конфессии, а нечто совсем другое: *мы должны к материальной форме добавить духовную форму и наполнить её духовным разумом Времени, и при этом сохранить обычный разум Пространства.* Разницу ощущаете?

Это, как мы говорили ранее, соединить своё сознание в единую систему гелиоцентрическую и геоцентрическую, которую нам ещё предстоит найти в себе через духовность. Можете вы это сделать, используя современные духовные достижения?

Да, только на начальном этапе, ибо конфессии почти все бегут от нашего тела и систем, а они ой как нам необходимы. Это *первый этап* будущей эволюции, который *преобразует структуры тела и разума человека и одухотворяет их*. Второй этап – это после обретения измерения в разуме a^4, перейти к измерению a^5.

Это уже будет новый цикл Сатья-Юга, в котором будет проведена *полная трансформация структуры материи человека*. Это позволит нам перейти к новому типу структуры материи, которая становиться похожа на прозрачный кристалл алмаза по своей твёрдости, но на самом деле будет ещё более гибкая и подвижная, чем современная структура человека. Новая структура разума даст нам возможность обрести новый разум, который будет на порядок более высокий и сильный, чем ум. Она *приведёт нас к ещё более совершенному супраментальному разуму [1]*.

Если перевести это на наше сознание, то оно из единого центра планетарной системы Души, где мы получили четвёртое измерение, должно будет переместиться куда-то над ним. Тогда оно станет, как бы, находиться над всей системой и даже видеть вращение всех плоскостей эклиптики, что и даст нам пятое измерение – a^5.

Подводя некоторые итоги исследования можно сказать, что нам удалось найти основные направления нашей эволюции в структуре Материи в соответствие с описанными циклами Маха-Юга. Взаимодействия элементов в нашей жизни от элементарных частиц до вселенной и живых существ доказывает то, что мы стоим на правильном направлении поисков знаний о нашей эволюции, которая всё более сходиться к сотворению мира и человека Богом.

Можно даже сказать, что нам удалось подтвердить наше ближайшее развитие цивилизации к супраментальному разуму. Он должен перевести нас с окончания четвёртого цикла Кали-Юга на начало нового цикла Сатья-Юги – *золотого века человечества*, но на более высокой ступени развития.

Новая глобальная цель эволюции цивилизации – это обретение человеком супраментального разума. Но это не повторение пройденного нами пути с начала эволюции, хотя возможен и такой возврат, если мы не поймём своё назначение в эволюции, а это восхождение на более высокий её уровень. Это будет уже восхождение к Истине, скорее, возвращение к ней, но на более высоком уровне разума и более глубокой сознательности.

Глава 7. Эволюция разумов цивилизаций.

Нам снова приходится возвращаться к самому началу процесса эволюции, для того чтобы выявить все силы, которые принимают в нём участие. Но самое, пожалуй, важное во всём этом исследовании, это понять всю «механику» процесса эволюции.

Даже тогда, когда нам удалось выявить почти все её основные элементы, силы и закономерности, наши знания оказались только самыми поверхностными. Хотя, мы уже всё более начинаем понимать, что Истина эволюционного процесса – бесконечная в своих знаниях. Чем дальше мы погружаемся в эти знания, тем сильнее понимаем, что находимся ещё дальше от неё.

Создаётся впечатление, что тот мир, который мы сегодня имеем, проходя через все циклы эволюции, проявляется как фотография в проявителе, от крупных – ко всё более мелким деталям. Подобное проявление соответствует и разуму. *Разум проявляется через растущую сложность структур материальных форм.*

В плазменном состоянии он ещё сильно рассеян и неясен. В газообразном состояние – уже проявляются его разумные тени-формы пока ещё только в крупных деталях. Животный цикл делает его ещё более чётким. В наше время появились уже такие мелкие ментальные детали, что фотография уже практически находится в стадии окончания проявления. Только ещё не всё проявлено в самых мелких деталях.

Описание жизни плазменных существ соответствовали физике плазмы, изученной нашей наукой; газообразные существа жили по законам газовой материи и плазмы; животные существа – по закону жидкости, газа и плазмы; человек – по закону органической материи, жидкости, газа и плазмы. Естественно, мы стоим на пороге какой-то новой структуры Материи, которая продолжит эту линейку структур.

Давайте, для полноты понимания связи структуры материальной формы и уровня её разума, попытаемся представить себе, каким образом развивался разум наших растений, а затем перейдём к животной цивилизации. Нам необходимо понять, *как происходит смена типа разума между циклами?*

Физический разум газообразных форм.

Итак, золотой век цикла Сатья-Юги заканчивается в тот момент, когда сформированы *плазменные существа* (линейные формы) со своим *точечно-линейным разумом*. Мы подошли к тому времени, когда мир плазмы готов к переходу на планете к новому миру физических газообразных существ-растений с газообразной средой обитания (плоскостные формы). Далее начинается *переходной период* между этими циклами. Это будет период ухода в прошлое мира плазмы и проявления нового мира физических материальных существ-растений. Их формы теперь уже будут состоять из двух агрегатных состояний материи: плазмы и газа.

Современный человек, если внимательно приглядеться, представляет собой, в общем-то, *линейное существо*, чуть-чуть разбухшее за свою эволюцию. Наши руки, ноги представляют собой нечто похожее на линии, и не так далеко от них ушло и наше туловище. Всё наше тело в комплексе –

объёмная линия. От чего мы ушли к тому же и приходим только на более высокой ступени своей эволюции. На самом деле это так и есть! Наша будущая форма сверхразумного человека, который эволюционировал из плазменного существа, вероятно, будет точечно-линейной: мы чем-то должны быть похожими между собой.

Мы пришли к пониманию того, что на плазменной планете могла существовать цивилизация *«плазменных людей-линий»*. Их тела, как мы предположили, могли иметь *точечно-линейную* структуру. Можно сказать, что структура материи тел была сильно сжатой. Никакого индивидуального движения пока нет: *все застывшее*. Движется только сама плазма и они движутся только в её потоках.

Посмотрите на то, как двигается поток людей в каком-нибудь мегаполисе, особенно в начале и конце рабочего дня. Он очень похож на движение частиц плазмы только, в нашем случае, разумной. Может быть, точно так же двигались эти плазменные существа в потоках своей плазмы? Почему-то их назвали ангелоподобными существами [5].

…

Отсюда можно сделать один интересный вывод: эволюция вселенной началась с их плазменного уровня, и она должна закончится на нашем «плазменном» уровне, только наша «плазма» будет уже более разумной. Тогда, тот фотон Света, с которого всё началось, должен был прийти на наш уровень с предыдущего низшего уровня. Это он принёс в начало нашей эволюции этих плазменных существ, которые «переселились» со своего планетарного уровня, закончив там свою эволюцию, на наш.

Тут же возникает ещё более грандиозный вывод: тогда мы, когда закончим свою эволюцию и станем одухотворённым человеком, не будем ли подобны этим, «переселившимся» к нам, плазменным существам? Если это так, то тогда супраментальный человек – это будет человек, «переселившийся» на более высокий планетарный уровень, например, галактический. Это, может быть, вполне вероятно.

Но продолжим далее наше исследование. Итак, частицы плазмы захватили часть Света и создали свои плазменные простейшие формы. Эволюция разума прошла первый цикл своего развития *от «точечного» к «линейному» разуму, к разуму первого измерения*. Его назвали <u>клеточным разумом</u> [1].

В конце первого цикла происходит смена климата плазменной планеты Земли на тот, который соответствует новой структуре материи и новому циклу. Происходит *трансформация* имеющихся материальных форм в новую материю с сохранением существующего вида материи, т.е. плазменные формы должны трансформироваться в газообразные формы и войти в них, но не все. *Старый мир как бы умирает, а новый – рождается.* Без *полной трансформации материи* смена их структур будет невозможной.

Только не все плазменные частицы становятся в будущем растениями и обретают газообразную материальную форму. Часть из них, если не большая, так и остаётся плазменными частицами со своей старой структурой материи, плазмой. В этом цикле будет существовать параллельно уже две структуры материи: плазма и газ.

Для перехода из одного мира в другой необходим переходной период. В переходной период возможно одновременное существование этих двух миров, а далее произойдёт поглощение мира плазмы миром газообразных существ. Он, в дальнейшем, станет основным миром планеты и будет эволюционировать далее. В нём часть плазменных существ материализуется дополнительно «атомами» газов, обретая газообразные физические тела. Возможно, что они привязываются плазменными «корнями» к поверхности плазмы, как это делают современные растения на поверхности земли. Формируется физическое существо, а точнее – материальное тело, состоящее из «атомов» газов и плазменной материи. Клетки начинают объединяться и создавать, пока ещё простейшие, тела и формы. Это уже первые многоклеточные существа – растения.

Плазменные существа, эволюционной линии человека, постепенно превращаются в цивилизацию газообразных существ – людей-растений, лемурийцев [5]. Они уже имеют коллективный *Дух вида фауны*, покрытый «*вторым слоем будущей индивидуальности*», газообразной структурой материи. Это уже будет суммарный клеточный разум материальной формы, который назвали *физическим разумом*. Он только начинает проявляться в этих формах. Это вторая форма разума, которую обрела Материя.

Первая форма плазменного разума – клеточный разум, разум самих клеток – настолько проста, что мы его, практически, в своём разуме не ощущаем. Физический разум тела мы можем уже найти у себя. Он является общим суммарным разумом клеток, составляющих физическую форму и уже различим среди нашего индивидуального разума. Физический разум (разум тела) – самый тупой, т.к. является одним из первых проявлений разума в Материи: упрямый, полный страха, ограниченный, консервативный, приходящий в панику при малейшей царапине. Он требует от вас хорошей одежды, вкусной пищи, просторного жилища [1].

Посмотрите на наши растения, у них также проявляется этот разум: они тянутся к свету; регулируют листьями получение солнечной энергии; борются с болезнями; борются за сохранение себя и вида, за пищу, за свет и т.д. Современные растения – это то, что осталось от живых существ цикла растений, то, что не было далее эволюционно трансформировано в другие виды и формы.

Физический разум содержит в себе уже большее число точечно-линейных структур материи. Он теперь намного превышает одиночный клеточный разум. Цель этого цикла создать формы газообразных существ и их структуру материи, которые могли бы вобрать в себя максимально возможный уровень физического разума. Поэтому эти материальные формы описаны довольно внушительных размеров(?) [5], хотя на самом деле сама планета была ещё очень небольшой и к тому же плоской, как и вся эта цивилизация растений.

Часть Истины из-за появления физического разума в газообразной материи, была захвачена им (две её части), использована, искажена, и оказалась недоступной для новой появившейся цивилизации людей-растений. (Мы не будем говорить о остальных видах, обладающим меньшим уровнем разума.) Газообразная материя, уже начинает препятствовать прохождению внутренней энергии форм живых существ и Земли наружу (структура материи форм и Земли одинаковая), частично ограничивая её связь со Светом.

Газообразная структура материи начинает использовать часть внутренней энергии существа, задерживая и затрачивая её на свои индивидуальные нужды для построения и поддержания газообразной формы. Растениям уже труднее изменять форму, она становиться более конкретной. Они всё ещё остаются подключенными своей энергией к двум частям Истины. Им могут быть доступны высокие технологии(?)[5]. Их сила разума увеличилась, но всё ещё будет недостаточной для самостоятельного действия с Материей.

Можно предположить, что люди-растения отличались от современных растений, но как такового движения они ещё не имели и передвигались в пространстве планеты только за счёт внешних факторов таких, как ветер. Какую они могли создать технологию, остаётся только гадать, но их технологии были газовыми и плазменными, так что она вполне могла существовать — это всё же цивилизация, которая просуществовала довольно продолжительное время.

Мы говорим об этой цивилизации, как о цивилизации людей-растений, но это не совсем так. Да, эта цивилизация обрела физический разум, имела физическое материальное тело, но их разум сильно отличается от нашего разума. Если разум животных мы считает очень низким, относительно нашего разума, то разум людей-растений стоит ещё на одну ступень ниже. Теперь вы сами можете себе представить, насколько он незаметный для нас, хотя и очень докучает нам своими страхами, просьбами, требованиями и т.п. Но, в отличие от нас, они знали половину Истины. Растения уже поглощают себе подобных, появляется борьба за выживание видов и возникает смерть. Все их действия описаны законами движения газов в нашей материальной физике.

Наши современные насекомые чем-то похожи на плоскостных существ; их плоское тело чуть-чуть раздулось за время нашей эволюции, даже формы наших пресмыкающихся где-то плоские и линейные.

Газообразные существа размножались сначала делением, затем, возможно, почкованием, тем способом, каким сейчас размножаются растения, а к концу цивилизации, наиболее развитые из них, становились двуполыми. В наше время тоже существуют такие растения, которые являются двуполыми и образуют плоды только при наличии мужского и женского растения рядом, но и они отстали в развитии. А какими были высшие из них, которые перешли на новый уровень эволюции? Нам остаётся только гадать, ведь они превысили уровень разума растений.

Развитие этой цивилизации идёт до тех пор, пока не будет полностью сформирован физический разум у физических материальных существ, пока физическая газообразная форма не захватит столько Света (одну четвёртую часть Истины), сколько сможет удержать в себе, т.е. пока не иссякнут возможности газообразной формы.

В конце газообразной цивилизации появляется костное физическое тело из элементов второй ступени таблицы Д.И. Менделеева. Тело, к концу этого цикла, теперь состоит из энергетического (плазменного) существа-клетки, обладающего клеточным разумом и физического существа, объединяющего клетки в единое тело, которое обладает уже суммарным физическим разумом формы.

Теперь Дух вида фауны, после того как исчерпались возможности газообразной формы, открывает в своей инволюции новый, но такой же коллективный, Дух животного вида для новых существ, которые будут далее совершенствовать структуру материи и разум уже в животном теле.

Витальный разум животных форм.

Заканчивается цикл цивилизации растений новым переходным периодом. Начинается новый процесс трансформации мира физических существ в мир животных существ. Формируется новая структура материи – жидкостная. Газообразная структура материи выработала свои возможности и больше принять в себя Света не может. Элементы второй ступени таблицы Д.И. Менделеева начитают дополнять собой газообразные формы. Появляется жидкость. Она ещё не прошла совершенствование и поэтому должна быть грязной и тёмной.

Жидкость по своей структуре намного плотнее газа. Она ещё меньше чем газ, обладает прозрачностью и ещё сильнее закрывает у новых жидкостных форм выход внутренней энергии существ и планеты к Свету, но Истина всё ещё присутствует (только одна её четвёртая часть). Материальные формы постепенно становятся жидкостными и объёмными.

Газы образуют воздушную среду, жидкость – океаны, моря, реки и т.п., суша образована остывшей плазмой, заселённой минералами и уже растениями. Температура жидкости пока довольно высокая, что не позволяет возникнуть современной органической жизни на планете. Сначала – это кипящая вода, но постепенно поверхность планеты остывает. Появляются океаны, моря, реки, озёра и т.п., с горячей водой, способные образовывать объёмные жидкостные структуры – животных, подобные современным гусеницам или личинкам по структуре материи. Она у них – жидкостная.

В начале этого цикла структура воды, возможно, была ещё не такой прозрачной, которую мы имеем сегодня. Эта пока ещё только объёмная вода, которая имеет несовершенную структуру. Естественно, к концу цикла структура воды придёт в то прозрачное состояние, которое мы имеем сегодня.

Появляются первые переходные, более плотные существа, из тех, которые лучше всего развились в предыдущем цикле. Лемурийцы [5] эволюционируют в промежуточный вид лемуро-атлантов (пресмыкающихся, птицы, рыбы), более приспособленного к новым условиям существования. У них образуются основы для формирования витального (животного) разума, созданного жидкостью. Материальная форма совершенствуется и становится более плотной, уже имеющей подобие костного скелета. Появившаяся жидкостная форма структуры материи, захватывает ещё больше Света, образуя новый вид разума – *витальный (животный) разум*. Он уже более развитый по сравнению с физическим разумом, т.к. жидкость имеет более плотную структуру, чем газ и уже обладает *жизненной силой* – это разум движения и жизни.

На планете Земля начинает проявляться мир витального разума. Он постепенно заменяет газообразный мир и вбирает его, вместе с плазменным миром, в себя. Дух вида начинает покрываться новым слоем индивидуальности, *слоем витального разума, слоем желаний, чувств*.

Этот разум, мы также можем найти у себя. Он оправдывает наши: вожделения, ощущения, побуждения, желания, привязанности, страдания, боль, радость, добро, зло [1]. Витальный разум очень сильно проявлен в современных животных, поэтому и называется животным (витальным) разумом – это их разум. Структура материи форм позволяет существовать ему и в других видах, имеющихся на Земле (растениях, минералах), но он в них не развит и не развивается. Они не имеют средств в своей материальной форме для его выражения, для движения. Они так и остаются растениями, минералами, хотя и имеют внутри себя жидкость, но не имеют «инструментов» для реализации нового разума.

Теперь три слоя разума захватили ещё большую часть Света (три четвёртые части Истины), используют его в своих целях и ещё больше отгородили живых существ от Истины (осталась всего одна четвёртая её часть). Те из газообразных существ, которые не сумели перестроиться для животного существования, остановились в развитии и некоторые из них исчезли, как ненужные виды, а остальные виды остались растениями и дошли такими до нашего времени.

Все меньше энергии Света достигает поверхности Земли. Планета всё ещё имеет сильное инфракрасное излучение, исходящее из недр остывающей планеты [5]. Зрение животных того времени было настроено на такое инфракрасное излучение. Это была ещё пока красная планета Земля. Мир Земли в то время был красноватого оттенка. Планета продолжала остывать.

Новый третий цикл называется веком Двапара-Юга, когда Истина закрыта на две четвёртые части в начале цивилизации и на три четверти в её конце, на столько же увеличивает и разум формы (на одну часть). Появляется цивилизация животного человека, людей-животных (цивилизация атлантов). Эти существа приобретают вместе с разумом возможность передвигаться в пространстве по своему желанию.

Витальные существа обладают жизненной энергией-силой, энергией жидкости, способной оживлять материю. Без этого разума не было бы движения на Земле и жизни. С новым разумом доступ животных существ к Истине ещё более ограничен по сравнению с предыдущей цивилизацией: уже три вида материи захватили Свет и используют его в своих интересах. Витальным существам уже приходится пользоваться знаниями, полученными своим разумом, но они всё ещё имеют одну часть открытой для них Истины.

Это многое значит, ведь для нас сегодня закрыта вся Истина и нам приходится полностью добывать её своим разумом. А они её могли просто брать, не добывая. Вполне возможно, что их знания были глубже наших, т.к. они знали часть Истины.

Цивилизация животных развивалась до тех пор, пока не исчерпала возможности жидкостной структуры материи и полностью не приобрела витальный разум. Возможно, что существовало несколько подобных цивилизаций, которые предшествовали человеку, но цивилизация атлантов [5], предположительно, была самая развитая. Не поэтому ли мы сегодня находим техногенные сооружения, которые нам своими технологиями повторить пока не удаётся.

Витальный разум подчиняет себе физический разум и руководит сформированным телом и его движениями. *Теперь тело состоит из энергетического существа, физического тела и витального существа.* После окончания формирования витального существа с витальным разумом начинается переходный период цикла Двапара-Юга. С этого периода начинается описание «седьмого дня» Книги. Оно включает в себя весь переходной период цикла Двапара-Юга и весь цикл Кали-Юга, т.е. *формирование тел будущих ментальных существ, сделанных из «глины» – твёрдой органической материи и получение ими ментального разума с «дерева Познания Добра и Зла» – Ума.*

Сотворение разумного человека по Книге

Переходной период между циклами Двапара-Юга и Кали-Юга, по Книге, – это переход к «седьмому дню», который характеризуется появлением разумного человека Адама. Перед этим, «шестой день» заканчивается сотворением «мужчины и женщины», которые были животными людьми, не имеющими ментального разума. Они не имели имён и были созданы в животном цикле эволюции. Более о них Книга ничего нам не говорит. Мы их пока оставим в покое. Нас более интересует Адам.

Бог сотворил Адама по своему подобию уже на «седьмой день» тогда, когда сам «отдыхал». Под него далее создаётся Эдемский сад-Рай, за которым он должен ухаживать. Бог к нему приводит животных и птиц, которые должны стать ему помощниками. Всё вроде бы хорошо – это настоящий Рай! Здесь можно жить вечно, но …

А теперь будем говорить открыто: сегодня человек создаёт себе подобных роботов, чтобы они работали за него, и чтобы он более «отдыхал». Очень похоже на то, что Адам был создан как совершенный биоробот по некоей божественной технологии, которая значительно превышает нашу. Он был создан для того, чтобы обслуживать Райский сад. Бог не дал ещё ему разума и Адам был всё ещё животным, хотя и высшим из них. Он имел тело подобное Богу, но был всё же ниже его по уровню разума[8]. Мы уже предполагали ранее, что сам Бог был Богом всех животных.

---

[8] Здесь мы подразумеваем, что Адам имел только животный разум, хотя и высший и животное тело.

Здесь мы должны внести уточнение. Бог над животными должен был обладать более высоким разумом, чем они. Он должен был на одну ступень превышать их разум, иначе они могли оказаться умнее его. Это говорит нам о том, что он мог обладать только совершенным ментально-духовным разумом. Получается, что он, действительно, подобен нам и только благодаря своему разуму смог сам создать Адама! Отсюда выходит, что современный человек-ума, полностью развивший ум, скоро сможет сам создавать таких биороботов типа Адама и даже «создавать» из одного мужского ребра женщину! Хорошее открытие нас ожидает!

Адам сначала был бесполым существом подобно Богу и временем его жизни была вечность. Он был бессмертным. Бог любил свою «игрушку», как каждый из нас любит то, что сделано своими руками, и видел, что тот скучает в таком вечном одиночестве. Тогда Бог его бесполость раздваивает на Адама мужского пола и его жену женского пола. Вместе они – единая плоть Бога. Они всё ещё бессмертны и также пока являются высшими животными.

Они отличаются от мужчины и женщины созданных ранее на «шестой день» тем, что Адам и Ева имеют в себе *«встроенную вечную батарейку»*, дающую им высший животный разум, – *живую индивидуальную Душу*, без которой они жить не могут. Их бессмертие – это бессмертие *«батарейки-Души»*, которая действительно бессмертна. Мы действительно приходим к тому, что Адам и Ева были сотворены Богом, а не как ни посредством эволюции. Они были созданы уже в готовом виде, как самые совершенные животные.

По Книге «человеком» до грехопадения был назван только один Адам. «Мужчину и женщину», сотворённых на «шестой день», Бог хотя человеком и называл, но имён им не давал. Даже жена Адама первое время была лишь просто «жена» и также без имени. Это говорит нам о том, что только один Адам из них был подобием Бога, который и был «Человеком». Он сотворил Адама человеком и вложил в него живую божественную частицу-Душу, чем одухотворил его. Одухотворение животного разума позволяет получить его самый высший духовный уровень, до которого не могут эволюционировать обычные животные. Тем не менее, ни о каком совершенстве и эволюции Адама и его жены (тогда у Евы ещё не было имени) в животном мире речи совсем не идёт. Они пока вечно живут в животном Раю и у них всё есть.

Только не всё им в Раю доступно. Бог предупреждает их о *дереве познания добра и зла*, запрещая им есть с него плоды. *«Дерево познания добра и зла»* – это только символ. Он означает переходной период между циклами Двапара-Юга и Кали-Юга. Съедание плода характеризует его начало, которое даёт им или, скорее, включает в них разумный «механизм» познания добра и зла, который находится в свёрнутом виде в их Душах. Если бы его не было у них внутри, то вряд ли они смогли бы его запустить.

Здесь мы видим новое различие между животным человеком и Адамом с Евой. Только благодаря своим Душам, они смогли обрести, вернее, раскрыть в себе новый ментальный разум, превысив им даже высший разум животного. А далее вступает в силу принцип его эволюции. Разумный «механизм» необходимо было полностью развернуть и запустить в полную силу, что далее и произошло.

Это ведь здорово обрести разум! Но почему Бог так рассердился, что даже изгнал Адама и его жену из Рая на грешную землю, дав при этом жене Адама имя Евы? Теперь она также становиться Человеком.

Дело в том, что и сам Бог, сотворивший Адама, был Человеком, но Богом для животных. Он – статическое существо и не может, как Адам и Ева эволюционировать. В нём это не заложено, но он каким-то образом создал внутри них такой самосовершенствующий самоэволюционирующий «*механизм*» – *Душу*, который позволяет им практически вечно совершенствоваться, но <u>только в Материи на планете Земля</u>. Вот почему он был вынужден Адама с Евой отправить из Рая на материальную Землю!

Этот «механизм» до символического «поедания плода» у них ещё не был «включён». Только плод с этого дерева позволил им его «запустить», и они сразу же перешли на более высокий уровень разума. Получается, что это более похоже на бунт «*биороботов*», которые отказались подчиняться Создателю и сами себя стали совершенствовать. Они вышли из-под контроля Бога и встали на путь самосовершенствования ментального разума. Они теперь могли догнать и даже превзойти своего Создателя по разуму, ведь он у них не ограничивается только ментальным разумом. Более в животном Раю они находиться не могли, тем более что он, возможно, был нематериальным. Это уже был не их мир. Им нужен был для совершенствования ментальный мир Материи, которым была наша планета Земля. Только она имеет память о сделанном совершенстве. Без неё оно невозможно. Мир разума, через них, только-только начинал раскрываться и материализоваться на ней.

Почему они оказались на грешной земле, мы уже определились. Дело в том, что и планета Земля – это тоже живая Душа, это точно такой же «механизм» – Само. Они запустили программу эволюции и на ней. Мир животных стал заменяться миром Разума, который постепенно вбирал его в себя.

Программа материализации нового мира была запущена. Он сначала развернулся пока ещё в Свете, но нельзя забывать, что Материя слепа. Она стала создавать множество разумных людей с разной структурой разума, с разным внутренним «механизмом Само», заменив его пока на «механизм Эго». У одних людей он был более совершенным и позволял им быстро эволюционировать, у других – менее совершенным, что затрудняло им эволюцию. Поэтому мы все разные. Ей нужно было отработать все структуры мира Разума и выбрать из них те, которые соответствуют Свету (будущее деление цивилизации на «агнцев» и «козлов» по Книге). Она это делает до сих пор.

Все созданные несовершенные структуры оказываются в своём большинстве тёмными, что закрывает почти полностью Свет Души. Землю в начале цикла Кали-Юга накрывает Темнота. А тёмные люди, в своём большинстве, становятся «грешниками», которые не гармонируют со структурами Света (с Богом). Самым первым грешником из них оказался сын Адама и Евы Каин (Тьма), который убил Авеля (Свет). Это так же символы: *Каин «убил» Свет Души и Земля погрязла во Тьме.*

Только Свет Души убить нельзя, а вот закрыть несовершенной разумной материей можно. Так что в самом начале цикла мы полностью лишаемся своего внутреннего Света Души. Не зря Бог благословил «седьмой день», ибо Он уже здесь ничего более сделать не мог. Нет, конечно, мог, но только разрушив всё, ибо энергетики его Света мы просто не выдержим. Планета Земля своим несовершенным Разумом стала полностью закрытой от Света Бога.

Сказочное появление разумного человека

Мы описали возможное появление человека на планете Земля по «Книги Бытие». Но, совершенно случайно, мы наткнулись на другой источник подобной информации. Он всегда был рядом с нами и возле нас, но был закрыт от нас. Им оказалась обычная народная сказка «Царевна-лягушка». В ней описано появление разумного человека из цивилизации земноводных людей-лягушек. Недаром, лягушка была обожествлена в Египте и других странах. Конечно, в сказке это описание, как и во всех духовных источниках, сделано символами. Они уже расшифрованы и, исходя из их описания [11], мы сделали такой вывод.

Как оказалось, эта сказка описывает катастрофу, которая произошла на планете в нашем далёком прошлом. Катастрофа оказалась подобна изгнанию Адама и Евы из Рая на грешную землю, что подтвердила нам верное направление нашего исследования.

В самом начале сказки[9] Царь Отец даёт наказ троим сыновьям, чтобы они подыскали себе невест. При этом старшие два сына описываются без имён, как боярин и купец, а вот третий, младший сын имеет имя Иван-Царевич. Какой Отец может иметь таких разных по социальным типам сыновей?

Только Бог!

Получаются, что, не имеющие имён, боярин и купец – это высшие животные люди, хотя и приближенные к Отцу-Богу, обладающие высоким, но всё же, животным разумом. О самом народе сказка вообще умалчивает, но без него они бы жить не смогли. Кем бы они тогда управляли и с кем бы – торговали?

Иван-Царевич получается у нас разумным человеком, имеющим имя Иван, что означает божественный, а приставка «Царевич» говорит нам, что он божественный сын Царя, т.е. сын Бога. Таких людей в Книге называют избранными.

Но даже не это самое главное: когда они стали выбирать себе невест, то боярин выбрал себе боярскую дочь, купец – купеческую дочь, а Иван-Царевич – перефразируем, дочь земноводного существа царского роду, Царевну-лягушку. Она явно была дочерью земноводного Царя. Повторим, – *подобную себе*.

---

[9] Мы не будем здесь приводить её текста и расшифровывать каждый символ. Это уже сделано в другом источнике знаний [11].

Царевна-лягушка не имеет имени, что указывает на её высшее животное происхождение, подобное боярину и купцу. Мы из сказки получаем, что Иван-Царевич сам должен был быть земноводным существом, но это не совсем так. Добрый молодец имеет имя, что говорит нам о том, что он – Человек. *Он выбрал для себя самое развитое животное земноводное существо планеты Земля того времени, чтобы через него материализоваться на ней уже Человеком.* Развитость животного разума того земноводного существа женского рода могла сильно ускорить его материализацию.

Это говорит нам о том, что Иван-Царевич и вся его семья явно были с какой-то другой планеты. А вот выбирали они себе материальных невест, как нам кажется, именно с планеты Земля. Царевна-лягушка, как боярская и купеческая дочери, была земным существом. Боярин и купец должны были «материализоваться» на планете через своих невест. Это мы докажем позднее.

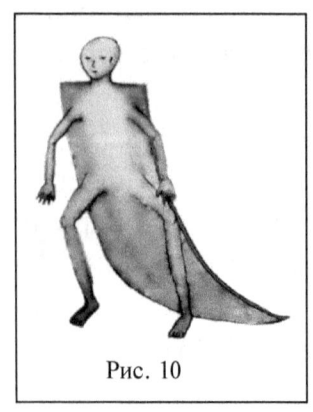
Рис. 10

Царевна-лягушка, как мы предполагаем, это существо из древней цивилизации земноводных людей-лягушек, которая в то давнее время могла существовать на планете Земля. Она была не просто лягушкой, как мы это сегодня понимаем, а земноводным существом, человеком-лягушкой (рис 10). На этом рисунке мы попытались изобразить это земноводное существо. Оно имело короткие и тонкие руки. Ноги существа были неразвитыми. Они «торчали» из тела, как лапы лягушки, потому что мешали движению плоского «хвоста». Между пальцев ног и рук имелись перепонки. Тело представляло собой плоскую горизонтальную «пластину» от шеи до земли. Высота их тела приблизительно составляла не более полутора метров. Их «хвост», когда они плыли в воде, двигался вертикально сверху вниз и обратно. Естественно, как у большинства плавающих существ, голова их была гладкой, без волос. «Пластина» тела была покрыта чешуёй очень напоминающую кожу крокодила. Эти земноводные существа обладали глубокими духовными знаниями и знали одну часть Истины. Они даже передавали свои знания животному человеку, обучая его детёнышей. Те с большим удовольствие с ними общались. Таким в то сказочное время было это земноводное существо.

Теперь перейдём к невестам. Они, при расшифровке символов *оказываются Душами* этих людей [11]. Причём, старшие сыны получают, как бы, животные, не раскрывшиеся, души себе подобных, а Иван-Царевич — Царевну, т.е. божественную Душу, которая уже является человеческой[10]. Далее описывается соревнование Душ, где явно выигрывает божественная Душа Царевны-лягушки. Она умела перевоплощаться в физическом теле и могла уже становится человеком, только пока на короткое время и ночью. Сначала она «выходила» в мир только по ночам (ночная экстриоризация[11]). На третий же день она уже смогла это осуществить в дневное время, показавшись во всей своей красе. Здесь показан явный прогресс в тех же самых «днях», что и в Ведах. Сколько длится время этих «дней», сказка умалчивает.

На «третий день» случилась катастрофа. Царевна-лягушка в этот «день» появилась в тереме Отца Ивана-Царевича, по его приглашению. Иван-Царевич, не видевший ранее её воочию, был сильно удивлён, увидев её умной прекрасной «девицей» и уже человекоподобным существом, а

---

[10] Душа из земноводного существа эволюционно раскрывает, сокрытое в ней, существо Божественного Человека, материализуя его на планете Земля.

[11] Выход Души из тела.

не земноводным человеком-лягушкой. Он более не захотел с таким видом девицы расставаться. Он подумал, что если сжечь её материальную форму, шкурку лягушки, то ей некуда будет спрятаться и она останется такой навеки. Сказочный герой быстро вернулся домой и поспешил сжечь «шкурку» лягушки. Девица осталась без материальной формы, но она была ещё не готова долгое время существовать без неё. Её Душа ещё не созрела и без физического тела она сразу же начинала растворяться во вселенной. Ей ещё нужно было всего «два дня». Иван-Царевич очень сильно поторопился. Практически, он сжёг её физическое тело, не дав Душе полностью развернуть и материализовать новое тело девицы, которое он впервые увидел, но «бабочка» ещё не созрела в «гусенице».

Очень интересно описано в сказке прибытие Царевны-лягушки в терем к Отцу. Она прибыла в железной «коробчёнке» и с большим грохотом. Это очень похоже на прибытие на каком-то летательном аппарате с реактивной тягой. Мы до сих пор находим следы их высоких технологий, которые не можем повторить даже сегодня. Земноводная цивилизация вполне могла иметь такие высокие технологии. Царевне-лягушке пришлось использовать нечто подобное космическому кораблю, чтобы «прилететь» в терем к Отцу-Богу. Это явно была другая планета!

...

Немного о технологиях. Наша цивилизация всё ещё имеет, в массовом масштабе, только материальные пространственные знания. Духовные знания Времени если и есть, то они не соединены с материальными знаниями. Это говорит нам о том, что *все наши современные технологии – только животного происхождения – a^3*. Это всё объёмные трёхмерные знания о Материи и Пространстве. Мы до сих ещё не имеем сверхобъёмных знаний – a^4, связанные со Временем. Все наши современные технологии – пока *от* *высокоразвитого животного разума*. Мы ещё не перешли к сверхобъёмным технологиям $а^4$, которые на порядок по уровню разума выше современных.

Материальная наука Пространства, оторванная от духовных знаний Времени, их сильно тормозит. Теперь представляете себе, какими серьёзными объёмными технологиями могли обладать высокоразвитые животные цивилизации! Мы ещё их не достигли! Но это всё ещё животный уровень разума!

...

Теперь нам желательно определимся со сказочными «днями». Их всего, по сказке, получается «пять». У нас в одном случае – их семь, в другом – четыре, но мы можем дополнить их пятым «днём» новым циклом Сатья-Юга. Тогда мы точно так же получаем «пять» ведических циклов, с которыми мы определились ранее. Получается, что сказочные «дни» и циклы эволюции по Ведам полностью оказываются тождественными. Это уже вызывает всё большее уважение к этой обычной народной сказке, которая оказалась совсем необычной!

Давайте снова вернёмся к катастрофе и предположим, как она могла произойти? Нужно ведь было сжечь материальные формы всей земноводной цивилизации на всей планете, да так, что она полностью исчезла, а новое тело Человека[12], красной девицы-Души, осталось. Здесь возникает только одно предположение, что эту катастрофу могло осуществить только Божество. Иван-Царевич, явно по сказке, обладал разумом «$а^4$». Практически, он и был нематериальным божественным Человеком – «идеальным человеком».

---

[12] Человека мы указываем с заглавной буквы, считая, что он является идеальным и законченным Божественным Человеком, которому более не требуется эволюция.

Возникает предположение, что гибель планеты Фаэтон, как-то была связана с этой катастрофой. Знания Ивана-Царевича (Божества) могли быть такой величины, что он своей силой мог «передвигать» планеты в солнечной системе. Он вполне мог «заставить» планету Фаэтон изменить свою орбиту и траекторию движения по ней, что, вероятно, и сделал. Планета Фаэтон изменила свою орбиту и приблизилась к Солнцу и Земле. Она, проходя близко к Солнцу, сильно разогрелась и стала для Земли вторым солнцем. Мы встречаем в древних источниках знаний существование в прошлом двух солнц. Далее Фаэтон, проходя мимо Земли, стал выжигать на ней всё живое. Животные вполне могли спастись от неё под землёю или в пещерах, а вот земноводные существа не могли никуда скрыться. Без воды они не могли существовать, а она сильно разогрелась, если не кипела. Поэтому они все погибли, сгорев от второго солнца, от горячей планеты Фаэтон. Это конечно предположение, но оно может быть вполне реальным. Это действительно могла быть планетарная катастрофа космического масштаба, ведь Иван-Царевич был явно космическим Божеством.

В это время вполне возможно уничтожение большинства видов крупных холоднокровных животных, в т.ч. динозавров, которые не могли спрятаться от второго солнца. Они могли все сгореть за очень короткий промежуток времени. А вот теплокровные животные, которые были небольшими по размерам видимо смогли укрыться под землёю, в пещерах, где-то в тени и остаться целыми. Точно так же мог укрыться и животный человек. Это подтверждает Книга.

Вероятно, планету Фаэтон Богам затем пришлось срочно уничтожать, чтобы совсем не спалить Землю. Земля быстро начала остывать и полюса стали покрываться льдом. Вполне, в это время, возможен ледниковый период. Тогда арии с северного полюса, где они пережили второе солнце, должны были спуститься ближе к экватору и заселить Европу и Азию.

...

Когда царевна-лягушка понимает, что осталась без физического тела, то она была вынуждена быстро искать ему замену. По сказке, ей для полной трансформации оставалось всего «два дня». Если бы Иван-Царевич не поторопился, то цивилизация земноводных существ могла бы перескочить, минуя современного человека, прямо к Верховному разуму [11]. Это ни что иное, как материализовать Небеса на планете Земля, т.е. сделать планету Раем и стать божественным Человеком с разумом a^4. Он пытался это осуществить через земноводную цивилизацию, но поторопился и сам создал для себя катастрофу.

Далее по сказке описывается то, как его Душа Василиса-Премудрая вынуждена была искать себе новое материальное тело. Не поэтому ли в наших земных легендах встречается много животных существ с человеческими головами? Это похоже на лабораторные опыты по срочному поиску нового тела, ведь они практически существовали все в одно и тоже время. Только кто такие опыты мог проводить, кроме Ивана-Царевича и его Отца (Бога)?

В конце концов, выбор среди них пал на животного человека, теперь уже со средним уровнем животного разума. Земноводных существ с высшим уровнем животного разума они всех, случайно, уничтожили. Этот обычный разум животного человека в сказке символически называется Кощеем-Бессмертным. Он и есть символ нашего современного разума. Душа вынуждена была спрятаться внутри его «замка», за его толстыми непрозрачными и уродливыми стенами. «Замок» — это тип структуры разума животного человека, который был тёмным, угловатым, уродливым и т.п.

Далее Ивану-Царевичу потребовалось много времени и сил, что освободить свою Душу из «лап» этого тёмного разума… Мы не будет более описывать символы сказки, но скажем, что далее в ней описан современный путь к освобождению Души и преобразованию тела животного человека в тело одухотворённого божественного Человека, обладающего Верховным разумом. Это главная цель нашего совершенства для обретения Верховного разума, разума Небес (Богов) – измерения «a^4».

…

Описанная в сказке катастрофа находит своё явное подтверждение в первой «Моисеевой Книге Бытие». В ней сказано, что Бог «шесть дней» создавал мир со всеми живыми и неживыми формами. Тем не менее, Книга нам далее указывает, что на «седьмой день», когда он пошёл отдыхать, *на земле ничего не было (?).*

…

Глава 2. 1. Так совершены небо и земля и все воинство их.

2. И совершил Бог к седьмому дню дела Свои, которые Он делал, и почил в день седьмый от всех дел Своих, которые делал.

3. И благословил Бог седьмой день, и освятил его, ибо в оный почил от всех дел Своих, которые Бог творил и созидал.

4. Вот происхождение неба и земли, при сотворении их, в то время, когда Господь Бог создал землю и небо,

5. *и всякий полевой кустарник, которого ещё не было на земле, и всякую полевую траву, которая ещё не росла, ибо Господь Бог не посылал дождя на землю, и не было человека для возделывания земли,*

6. но пар поднимался с земли и орошал все лице земли.

…

Пар, поднимающийся с земли, подтверждает нам, что планета действительно в промежутке между этими «днями» была сильно горячей и от неё шёл пар. Перед этим оказывается, что на земле и ничего не росло, и ничего не было, даже человека. Хотя на «шестой день» Бог уже создал «мужчину и женщину». Их тоже, вроде бы как, не было. Далее, по Книге, Бог *срочно прерывает отпуск* и быстро *заново создаёт человека Адама из праха земного, вселяя в него живую Душу* (вот в какую вселенскую лабораторию «на гусе-лебеде» прилетела Василиса-Премудрая). Он заново создаёт всю флору и фауну, но *только в Эдемском Саду, в Раю*, а не на всей Земле. Книга ещё описывает, что «*8. И насадил Господь Бог рай в Едеме на востоке, и поместил там человека, которого создал.*» Получается, что Рай был только где-то на востоке планеты. А что было на всей её остальной части?

...

16 И пошёл Каин от лица Господа и поселился в земле Нод, на восток от Едема.

17 И познал Каин жену свою; и она зачала и родила Еноха. И построил он город; и назвал город по имени сына своего: Енох.

...

Тут же возникает вопрос: а где Каин взял себе жену, если кроме Адама, Евы и Каина на земле, вроде бы, никого более создано Богом не было? Бог жену Каина после смерти Авеля по Книге не создавал, что означает, что она уже где-то должна была бы быть на планете Земля. Это нам косвенно подтверждает наличие катастрофы, после которой, всё же, выжили животный человек и другие животные, птицы, пресмыкающиеся и растения. Только среди этих выживших животных людей на востоке от Едема он её смог найти. В Книге будет очень часто встречаться такой уход родственников Адама на восток от Едема.

...

Снова нас направили к тому, что человек был создан Богом. Вначале его пытались создать через земноводную цивилизацию, а затем, после катастрофы, – через животного человека. Земноводная цивилизация была высоко развитая и к тому же высоко духовная. Они уже должны были приблизиться к изучению Времени, что позволило бы им скоро иметь более высокие технологии. Только Боги перемудрили и уничтожили свои труды. После катастрофы они избрали другой вид, вид животного человека, который был менее развит и не имел такой развитый духовный разум, как земноводная цивилизация.

Мы только-только достигаем величия животной цивилизации земноводных людей-лягушек, а считаем себя человеком!

Наша цивилизация и есть те животные люди, которые получили Души. Возможно, это были арии, которые тогда жили на полюсе и вполне могли после катастрофы остаться существовать на планете Земля.

Развитие ментального разума человека

Попытка понимания происхождения человека с позиции разных источников знаний не дала нам разногласий в их трактовке. Два мнения о происхождении человека в совершенно разных источниках знаний сошлись в одном взгляде: человек, как и всё остальное в мире был создан Творцом-Богом. Хотя это может быть верно, но мы пока не будем отрицать своей эволюции. Мы, в соответствие с полученным выводом, попробуем уточнить «механизмы» проявления структур Света в Материи.

Итак, в каком-то другом мире, отличном от нашего, существует божественный Идеал, который и создавался Творцом. Он не создавал наш мир, ведь в это время он отдыхал и только благословлял нас. Богом был создан некий тонкий «виртуальный мир», который был Идеальным, как было им задумано. Этот образцовый мир, как-то должен был быть связан с нашим миром.

В нашем же мире существует Природа, которая, вроде бы, создаёт его. Это действительно так. Именно она осуществляет материализацию Идеального мира и, естественно, человека в нём. Идеальный мир в «виртуальном виде» в самом начале любого цикла появляется сразу весь, соответствующий ему. Пока предположим, что это так. Далее, слепая Природа материализует его через свои «механизмы» материализации и совершенствования.

Идеальный мир точно так же, как создавался Творцом, в один миг, не может быстро стать материальным. Материя инертна и слепа. Ей необходимо время, чтобы проявить в себе этот образцовый мир. Длительность его проявления по времени является временем соответствующего цикла эволюции. В человеке таким «механизмом» совершенствования является его Душа, в животном виде – Дух вида и т.п. Именно через них Идеальный мир проецируется в материальный мир.

Природа, ощущая на себе силу Духа или Души из нового мира, слепо создаёт множество самих форм или материальных структур соответственно циклу внутри формы, например, человека. Далее она осуществляет материализацию форм или внутренних структур формы через совершенствование и отбор. В конце цикла она отбраковывает всё то, что оказалось ложным и оставляет только те материальные формы, которые полностью соответствуют структурам форм Идеального мира. Так, возможно, Природа проявляет Идеальный мир в Материи. Мы пока оставим этот «механизм» совершенствования человека и попробуем через него описать эволюцию цикла Кали-Юга.

Итак, на Земле проявляется новый ментальный мир, мир мыслящих форм. Это появление в животном виде разумного человека с индивидуальной Душою. Далее

Природе предстоит из животного вида посредством изменения его внутренних структур перейти к человеку. Первым разумным человеком стал Адам, а уже после падения на грешную землю, и Ева. Их можно назвать идеальными людьми, ещё не проявленными в Материи.

Изменение внутренних структур происходит не только в человеке, но и во всём мире. Он теперь постепенно должен стать из объёмного «a^3» сверхобъёмным «a^4», наполненным органической материей, которой ранее не было. В этом цикле Природа уже работает с более тонкими структурами материи.

Какие условия создаются на планете под новый ментальный мир?

Планета начинает вращаться по орбите вокруг появившегося Солнца, о чём мы говорили ранее. Удаляясь от Солнца и закрываясь грубой материей «глиной», она ещё больше остывает и появляется возможность для образования новых органических соединений. Ментальный разум более «*холодный*», чем все его остальные предшественники, но занимает *большее пространство*. На Земле появляются более сложные химические соединения, которые образуют плотную органическую материю. Появляется третья ступень элементов таблицы Д.И. Менделеева (рис. 9). В конце цикла она наполняется элементами четвёртой ступени таблицы.

Происходит постепенная материальная трансформация структур и материй мира витальных существ в мир ментальных существ. Жидкостная материи дополняется внутренней органической структурой. Начинает формироваться и совершенствоваться ментальное существо – человек. Внутренняя энергия трансформируется в четвёртый слой индивидуальности, *слой ментального разума*. Это позволила сделать органическая структура материи, которая и является этим слоем. Различие между жидкостной и органической материи такое же как, соответственно, между гусеницей и бабочкой.

Вроде бы на этом эволюция должна бы и закончится, но структура нашей материи ещё несовершенна. Природа создала органическую материю, но она не знает, как и куда её приспособить и какую структуру из неё создать? Поэтому она создаёт множество внутренних структур, которые пробует на соответствие Идеалу. В начале цикла таких уродливых структур может быть много, но они очень быстро отсеиваются из-за своей нежизнеспособности.

По Книге, первый человек Адам жил довольно долго. Дело в том, что он был ещё «чист» от ментального разума в совершенном животном теле, а Природа только-только начинала создавать органическую материю и, соответственно ей, ментальный разум. Далее время жизни человека постепенно уменьшается. Минимум времени жизни придётся на самое несовершенное время эволюции. По мере совершенствования органических структур материи, оно начнёт снова увеличиваться. Это доказывает разница во времени жизни человека в нашем ближайшем прошлом и в современном мире. Сегодня оно уже постепенно увеличивается. Становятся совершенными не только внутренние структуры человека, но и его внешнего мира.

Органическая материя должна пройти точно такую же рекомбинационную процедуру, как в своё время проходила жидкость, которая в конце своего цикла обрела прозрачность. Точно такие же изменения должны случиться и с нашей органической материей: она в конце цикла должна стать прозрачной для энергий Света.

Энергетическая связь со Светом, из-за несовершенства материи, нами полностью потеряна. Истина для нас полностью закрыта. До тех пор, пока органическая структура материи не станет соответствовать идеальной, т.е. прозрачной для Света, мы не сможем её открыть. Твёрдая (органическая) материя, ввиду своей непрозрачности, ещё больше закрыла нам доступ к Свету (к Богу). Эта структура материи, возможно, – переходная. *Мы оказались, как бы, в скорлупе ментального яйца, предоставленные сами себе, для формирования ментального разума и собственной его индивидуальности – «я».* Ранее индивидуальность была только видовой. Теперь мы обрели индивидуальность отдельного существа.

В современном мире до сих пор ещё идёт переходной период между животным циклом и циклом человека. Он должен закончиться у ментальных существ образованием четвёртого слоя разума – ментального разума, обеспечивающего обычный процесс рассуждений. Уже в человеке появился двойственный, по своему качеству, ум. Только он не создаёт мыслеформы, как мы это себе представляем, он не их Творец. Ум использует их только в готовом виде.

Мыслеформы – это «семена», которые «прорастают» в нашем разуме. Но мы их «семенами» не делаем. Они – уже «семена» будущих, как мы ошибочно считаем, наших мыслеформ, которые мы заставляем прорастать в своём разуме. Теперь четыре слоя разума: *клеточный, физический, витальный и ментальный* перехватили Истину и используют её для своих целей. Человеческое существо стало состоять из *энергетического (плазменного) существа, физического тела, витального существа и ментального существа* или из структур материи: *плазмы, минералов, газа, жидкости и органики*.

Ментальный разум, как более высокий разум, захватывает управление низшими разумами и подчиняет их себе. Он становится единым управляющим над всей формой физического тела. Появляется индивидуальный принцип Эго через «я» – реализуйся сам [5]. Эволюция развивает ментальный разум. Совершенствование ментального разума цивилизации привело её к современному миру, описывать которого, нет надобности, но можно подвести некоторый итог: мир полностью стал грубо-материальным. Истина пока закрыта созданной структурой материи, поэтому наше внешнее пространство ограничено только нашими внешними материальными «щупальцами». Истина полностью захвачена ментальным, витальным, физическим и клеточным разумами и искажается ими. Она через них пробивается с большим трудом (пример, через учёных). Мы оказались закрытыми, как бы, в «яйце», ментальной «скорлупой» нашего же разума:

- *чистой органической материи формы пока не существует;*
- *чистого ментального разума формы пока не существует, он затенён структурой несовершенной органической материи;*
- *индивидуализация Души имеет четыре слоя разума, через которые она пока пробиться, своей внутренней энергией, не в состоянии. Мы «потеряли» свою Душу (Бога) и обрели его «тени» (Его антипода).*

Наш несовершенный мир – это мир, который отбрасывает тени, это *мир теней*.

В чём же заключается главное развитие эволюции этого цикла?

Можно, проследив внимательно последовательность развития цивилизаций, прийти к выводу, что главная цель современного цикла эволюции – *это появление и развитие, уже более высокого, ментального разума при постепенном усложнении органической структуры Материи с образованием на этой основе в её Пространстве разумной материальной формы ментального человека.*

Глава 8. Какая цивилизация будет следующей?

Какое новое разумное существо готовится в будущем проявиться на планете? Является ли человек этим существом и заканчивается ли процесс нашей эволюции?

Предположим, что обычный человек – это то существо, которое является конечным существом эволюции. Но посмотрите, сколько он несёт в себе зла, агрессии, страданий, болезней, а что он сделал с планетой? Человек не может быть законченным существом: *мы видим в узком диапазоне световых волн; мы слышим в ещё более узком диапазоне звуковых волн; обоняние ещё не понято нами; мы совершенно отгорожены от Истины и до сих пор используем объёмное животное мышление третьего измерения.* Человеку приходится создавать всю эту техногенную «машинерию» для расширения своих внешних возможностей. Ему приходится постоянно создавать себе новые механические «щупальца». Никак не может он быть законченным продуктом эволюции.

Тогда кто же им может являться, ведь на планете более никого нет?

Каким должен стать совершенный человек?

Вроде бы, для продолжения эволюции кроме человека на планете более никакого другого готового вида нет. Но вспомните, что случилось со сказочной земноводной цивилизацией, которая почти созрела для нового вида, но которую очень быстро заменили на другой вид животного человека. Точно так же могут заменить и нас, если мы не сможем продолжить эволюцию.

Цель эволюции мы выяснили: *это материализация истинного Человека,* которая ещё не закончена. Сумеем ли мы её довести до конца и материализовать его через себя, мы не знаем. Мы даже не знаем своих возможностей, как человека, к чему мы должны прийти?

Сегодня уже наступает стагнация в нашем материальном разумном развитии. Это говорит нам о том, что мы чего-то достигли и необходим переход к чему-то новому. Если мы её не преодолеем, то нам грозит нечто неприятное: нас могут заменить на другой вид, ибо времени у Природы очень много.

Чтобы такой замены не произошло нам необходимо получить знания о нашем будущем и уже под них начать своё дальнейшее совершенствование. Для этого давайте подведём некоторые итоги. Мы уже исследовали процесс эволюции в четырёх ведических циклах, семи «днях» Книги и пяти «днях» сказки «Царевна-лягушка», не говоря о квантовой механике. Все они нам описали практически один и тот же процесс эволюции. Это уже позволяет нам вычислить некоторые её закономерности. Давайте с этой целью составим таблицу 6. Она очень чётко от цикла к циклу показывает нам развитие структур Материи, цивилизаций, разумов и даже некоторых математических символов, связанных с ними.

Итак, начнём со структур Материи. Они развивались от плазмы к органической структуре. Если наметить путь их развития далее, то мы приходим к закономерности наращивания сложности структур, которые, тем не менее, дают всё более совершенную, но более «твёрдую» и более сжатую материю формы. К тому же, она стаповиться всё более гибкой и подвижной.

Значит, следующая структура материи должна стать ещё более твёрдой, например, как алмаз, но более подвижной и гибкой. Она будет прозрачной, как оконное стекло, для энергий Света Души.

Таблица 6

Название цикла	Структура материи формы	Тип цивилизации	Тип разума	Измерение разума	Геометрия разума	Фаза кванта света
Сатья-Юга	Плазма, минералы	Ангелоподобные существа, люди-минералы	Клеточный	a^0, a^1	Точечно-линейный	90^0
Трета-Юга	Газ	Люди-растения	Физический	a^2	Плоскостной	180^0
Двапара-Юга	Жидкость	Животный человек	Витальный	a^3	Объёмный	270^0
Кали-Юга	Органические соединения	Обычный человек	Ментальный	a^4	Сверх объёмный	360^0
Новый Сатья-Юга	Сверх органические соединения	Супраментальный человек	Супраментальный	a^5	Супер объёмный	450^0

Это то, чем должен закончить свою эволюцию человек в цикле Кали-Юга. Впереди у нас уже наметился новый цикл

Сатья-Юга, но мы пока далее не пойдём. Это показано в таблице 6.

Теперь давайте найдём закономерности циклового развития разума. Он у нас от простейшего клеточного разума достигает, практически, высот ментального разума. Только это не та высота, на которой мы сегодня находимся, а это, по Книге, более высокий тип разума: Верховный разум Небес [11]. Мы не только его ещё не достигли, но никак не можем перескочить уровень животного разума.

В цивилизации уже есть люди, которые достигали разума Небес, – это все наши Святые, но они не смогли установить его в Материи, в теле. Достижение этого разума есть, но оно не материализовано. Здесь так же просматривается явная эволюционная закономерность, которая нам позволит подняться даже выше разума Небес.

Итак, мы имеем в себе, как высшее достижение эволюции мира, четыре основных типа разума: клеточный, физический разум тела, витальный, животный разум и ментальный разум – ум. Давайте проследим, как работает современное ментальное существо со всеми своими разумами. Оно призвано *создавать форму в виде мыслеобраза* (ментальное действие); витальное существо вкладывает в эту форму *активность и жизненную энергию – силу* (витальное действие), и последней в дело вступает *физическая материя, как средство воплощения всего формообразования в целом в нашем физическом мире на Земле* (физическое действие). Человек автоматически материализует свои мысли, сам того не замечая. Наши мысли материализуются в нашем физическом мире при помощи самого человека и создают мир вокруг него. *Мы наш мир в своём собственном пространстве делаем сами через получаемые мыслеформы, которые наполняем своей разумной силой для материализации.*

Представляете себе, сколько мыслей мы прокручиваем за день и материализуем, а за год, а за всю нашу жизнь? Это просто ужас, что мы творим по своему неведению, не осознавая этого. Это и есть то Неведение Материи и её Бессознательность.

Современное ментальное существо обладает пока небольшой мыслительной силой, но всё равно, практически, свою жизнь строит этой силой. Поэтому никого не нужно винить в том, что вас окружает и что вы получаете из внешнего мира. Это всё ваше! Вы сами своими мыслями создали свой внешний мир и окружающую вас атмосферу, конечно, не без помощи своих предков.

Всё, что вы видите перед собой, в т.ч. людей, окружающих вас, всё это вы создали и притянули к себе сами. Если у человека существует определённая сильная мысль, идея, то и жизнь подчинена ей. Как правило, эта мысль обязательно материализуется в нашем физическом мире. Если в мыслях «хаос» или трагедии, то и жизнь, соответственно, хаотичная и полна трагедий. Если есть чёткая цель, то она проявляется и достигается.

Мы выше в таблице 6 указали возможности современного несовершенного разума, но мы в ней не показали ещё одну важную закономерность. Давайте отдельно для неё составим новую таблицу 7. Здесь нам

Таблица 7

Названия циклов	Формы жизни	Эволюционирующий тип
Сатья-Юга	Минералы	Бесформенность, кристаллы
Трета-Юга	Растения	Материальная **форма**
Двапара-Юга	Животные	**Сила** формы
Кали-Юга	Человек	Мысле**формы**
		Сила мыслеформ
Новый Сатья-Юга	Супраментальный человек	Кристаллы (?)

удалось увидеть последовательное чередование форм и сил между собой. Например, цикл Трета-Юга дал нам материальную *форму*, цикл Двапара-Юга дал ей *силу* для жизни и движения, цикл Кали-Юга – снова мысле*форма*, но пока мы не пришли ещё к её наполнению *силой* – эта духовная сила, сила Духа. Следующим этапом нашей эволюции, через выявленную закономерность, будет этап обретение *духовной силы* разума. Только тогда мы перейдём к четвёртому измерению и закончим цикл Кали-Юга.

Материальная эволюция человека цикла Кали-Юга работала и совершенствовала наши возможности по обращению и работе с готовыми мыслеформами. Наша разумная сила пока небольшая и она ещё не развита. Чтобы развить силу Духа, нам нужно пройти духовную эволюцию. Она преобразует и укрепит наше материальное тело, что позволит его наполнить могуществом Света.

Уже сейчас мы через мыслеформы управляем своим миром, а что будет если мы получим такую огромную Силу Света Небес сегодня, которая на порядок превышает силу обычного разума? Во что бы мы тогда превратили свой мир? Тогда он бы просто перестал существовать! Мы его своими мыслями просто бы уничтожили.

Нам не дадут духовную силу, пока мы не очистимся от разумной грязи и не обретём полную гармонию со Светом (с Богом). Это направление нашего будущего совершенства. Только после этого человек станет совершенным.

Представьте себе обычное оконное стекло, которое остаётся холодным, даже при прохождении через него солнечных лучей. Они нагревают предметы, находящиеся за ним, а не его. Значит, предположительно, нужно сделать наши тела прозрачными для этих высоких энергий, что и сделает духовная эволюция.

Нам нужно будет пройти очищение от грязи, темноты и т.п., т.е. сделать структуру материи, соответствующей

Идеалу. Тогда она станет прозрачной и не будет отбрасывать тени. Нам надо в следующем духовном этапе эволюции убрать тень из всех структур нашего тела и перейти к одухотворённому миру без теней. Только тогда Свет и Душа человека обретут Единство. Это и есть Единство человека и Бога! У нас наметилась очистительная цель духовного этапа цикла Кали-Юга.

Очень чётко таблица 6 показывает нам рост сложности разума. Она показывает нам его символически через математическое измерение и геометрическое представление. Здесь даже ничего искать не надо. С каждым новым типом разума его математическое измерение и геометрия становятся на порядок выше. Это легко доказывается, например, если сравнить разум современного человека и животного, то здесь явно видно, что он на порядок выше, а если опуститься до растения, то мы получаем уже два порядка в измерениях и геометрии.

Таблица 6, в своём последнем столбце, все эти закономерности связывает с фазой фотона света. Мы явно видим, что вся эволюция завязана на него и все её закономерности возникают из него. *Основной закономерностью эволюции является «механика» Света, ибо все эволюционные законы и «механизмы» – в нём!*

Круговорот Совершенства через Любовь

Давайте пока оставим закономерности и попытаемся понять, как и посредством чего Материя совершенствует свои формы?

В самом начале нашего исследования мы определились, что источником эволюции человека является его Душа, а двигателем прогресса – Природа. Материальные формы в процессе своей эволюции проходили постоянное усложнение структуры и их разум становился всё более «плотным». Что же заставляет Природу становиться тем «двигателем» эволюции, что вдохновляет её на эту эволюционную работу?

Если человек – это высшее достижение Материи то, что нас самих толкает трудиться? Станем ли мы трудиться, если у нас всё есть? Это пример Адама, который вечно жил в Раю. Жизнь, которая вечная, что-то не очень нас вдохновляет. Это даже представить себе очень сложно. Такая жизнь может быть только непосредственной: что пожелал то, тут же получил – Рай. Нужна ли нам тогда будет вся эта эволюция? К чему стремиться, к какой цели двигаться, если уже всё есть!

В своём животном мире, в животном Раю животные имели именно это, поэтому они остановились в своём развитии и далее не эволюционируют. Остановился бы и Адам, если бы не Ева со своим плодом с *«дерева познания добра и зла»*. Современные животные живут непосредственной жизнью и ни о чем таком, как люди, не «помышляют». Только они сегодня живут в мире человека, который ещё не совершенен, и он, через свою эволюцию, доставляет им хлопоты.

Символ *«дерева познания добра и зла»* предстаёт перед нами всё более развёрнутым. Он показывает нам, что это «дерево» есть ни что иное, как эволюционный «механизм» для цикла Кали-Юга, для цикла получения и совершенствования разума человека. Благодаря ему Адам и Ева получили стремление и вдохновение к переходу на новый уровень Света, а то так бы и остались вечными животными.

Таких уровней Света можно предположить пока семь, четыре из которых нам уже известны: клеточный, физический, витальный и ментальный. Хотя, ментальный уровень у нас получается двойным: сам материальный ментал и Верховный (духовный) разум [1], который на порядок превышает уровень современного ментального разума. Поэтому можно говорить не о семи, а о восьми уровнях Света.

По многим сказкам таких уровней получается девять или десять (тридевятое, тридесятое царство). Кстати, третьем из девяти (десяти) царств является царство нашей Души – а^3 [10]. Следующий уровень Света, идущий за Верховным разумом, нам также уже известен – это супраментальный уровень Сверхразума [1]. Но, естественно, Сверхразум содержит в себе свои уровни Света.

Есть ещё в Раю *«дерево жизни»*. Оно означает новый уровень Света. Какой оно содержит в себе эволюционный «механизм», для какого его уровня? Не оно ли напрямую связано с Верховным (духовным) разумом? Скорее всего, что да!

Только Бог поставил для его охраны Херувима, самый высший ангельский чин. Он обладает практически Могуществом Бога. Так что нам, для получения плода с *«дерева жизни»*, придётся сначала превысить его Силу и победить, иначе нам вечной жизни не получить. А силу мы добудем во время следующего духовного этапа эволюции – это будет *духовная сила Материи*. Только так мы сможем получить вечную жизни в Раю, но он уже будет более высоким Раем Человека, а не животного.

Вывод можно сделать такой: в центре животного Рая было сотворено два *«дерева»*, которые символически означали два новых, более высоких, уровней Света. Более здесь мы ничего не находим. Получается, что человеку было отведено два новых Его уровня: уровень ментального разума и уровень Верховного разума, который и даст нам вечную жизнь.

Сегодня мы уже утверждаем, что на планете присутствует уровень супраментального разума Сверхразума [1]. Откуда он взялся, если в том Раю более нет «деревьев». Всё дело в том, что супраментальный разум не принадлежит, как те два «дерева», нижней полусфере Материи. Он существует в верхней полусфере, о которой мы говорили в самом начале исследования. О ней Книга вообще умалчивает, ибо в то время знаний о ней не было. Тогда между ними не было никакого контакта и была пропасть, через которую даже самые сильные духовные искатели не могли перейти и получить знания. Сегодня между полусферами существует контакт и уже возникло, пока ещё, точечное Единение. Это позволило реально говорить о супраментальном разуме уровня Сверхразума. Он уже является не таким далёким нашим будущим [11].

Давайте снова вернёмся к нашим уровням разума, чтобы глубже понять, как Материя эволюционирует? Нам уже удалось выяснить, что Свет влечёт к себе Материю, и она откликается на его воздействие созданием материальных форм, соответствующих структуре Света. Почему Материя так усиленно тянется к Свету и пытается отразить его структуру в себе?

Всё дело в том, что *для Материи энергетический контакт со Светом — это* <u>*Любовь, Тепло, Мир, Покой, приводящие к Блаженству*</u>. Можно символически сравнить это с искренней любовью между мужчиной и женщиной, которая имеет аналогичное описание, когда любящая женщина стремиться отразить свет мужчины в их потомстве, воспроизводя форму человека, подобного ему или себе. Без любви, а, именно, от получаемого от неё блаженства, мы бы даже не стали размножаться. Точно так же и Материя, она бы не стала без Любви тянуться и эволюционировать к Свету. *Материя старается, через Любовь, вобрать в себя Свет и слиться с ним в Единстве*. Для этого ей нужно стать такой же по своей структуре, как Свет. Только тогда между ними возможно Единение.

Сегодня пока такого полного единения между ними нет. Дело в том, что бессознательная или несовершенная в своих структурах Материя может поглотить Свет, закрыв его своими тёмными структурами. Тогда Свет (Бог) уйдёт, ведь уничтожить его невозможно и ...

Пока между Материей и Светом существует только частичное Единение по трём нижним уровнях разума и частично по четвёртому уровню человека, которые уже закончили свою эволюцию или уже прошли некоторый путь. Они уже структурно полностью или частично соответствуют Свету. Через них уже существует энергетический контакт (Любовь) между ними, который тем сильнее, чем точнее Материя отразит структуру Света в своих формах. В этом случае, она сама, как бы, создаёт подобный ему материальный свет и излучает его в сторону Света. Тогда между ней и Светом возникает _круговорот Совершенства через Любовь_, который ещё можно назвать круговоротом Любви, дающим Материи и Свету (здесь существует взаимность) _Блаженство_.

Мы уже говорили о подобном круговороте любви человека, который так же имеет его в своей жизни. Он существует в каждой материальной форме и даже в частице плазмы. Эволюция двигается в Материи только потому, что с каждым новым циклом такой круговорот Любви становится всё сильнее и могущественнее. Блаженство материальной формы тем больше, чем точнее и совершеннее форма, чем меньше в ней тени. Тень является препятствием для энергий Любви и Блаженства. От цикла к циклу Материя через энергетический контакт со Светом постоянно ищет это Блаженство и двигается к нему, создавая всё более совершенные материальные формы.

Действительно, миром правит Любовь, но только через Блаженство!

В своё время мы сами были этой цепочкой эволюционирующих видов, пока не стали современным человеком. Любовь во всех её видах и проявлениях (не только к человеку, но, например, к Богу, к знаниям, к науке и т.п.) заставляла нас не просто двигаться по пути эволюции, а искать то, чего ещё не было в этом мире. Она и сегодня заставляет нас это делать, ведь наша эволюция ещё не закончилась.

Только не все из нас имеют такое стремление к поиску непознанного и непроявленного. Ведь большинство из нас совершенно спокойно относится к своему сегодняшнему состоянию и никакого поиска нового вида им не надо, их всё, как животных, устраивает. Они даже не хотят нарушать некой своей стабильности в жизни. Почему одними из нас что-то движет в жизни, вызывая стремление к поиску нечто нового, а других – всё устраивает и более их ничего не интересует?

Где находится тот «источник» Стремления в эволюции, который движет избранными ей людьми к некой тайной для нас цели?

Внутренний «источник» Стремления

Конечно, тут и нечего особенно выдумывать, ведь этот «источник» должен находиться где-то внутри нас, раз эволюционирует сегодня человек. Что у нас внутри есть такого, что даёт нам стремление и вдохновение для эволюционного движения вперёд в поиске непознанного? Физическая форма со своими органами и тканями нам не подходит, ведь она как тот сосуд, в который наливается разум. Может, это сам разум?

Мы уже определили, что наш разум по своей природе имеет двойственную структуру [11]. Он состоит из двух форм: материального ментального разума обычной внешней физической формы (четыре уровня) и духовной энергетической формы (пятого уровня, Верховного разума), которая у нас ещё не развита. Если физическая форма олицетворяет собой во внешнем разуме всё наше накопленное за время эволюции материальное прошлое, то духовная форма – это внутренний разум, это наше материальное будущее, которое ещё не проявлено в Материи. Между ними находится настоящее, которое позволяет перейти из внутреннего во внешний разум и наоборот.

В каком из этих двух разумов может возникнуть стремление и вдохновение к совершенству? Внешний разум – скорее, исполнитель. А вот внутренний разум более, чем внешний, связан с нашей истинной Душой, со Светом. Из него как раз и приходит наше стремление к совершенству, которое возникает где-то в Душе. Может это само будущее хочет изменить себя и стремиться к совершенству?

Центром нашей физической формы и внешнего разума пока является несовершенная <u>ложная душа</u> [11], которая создаётся и совершенствуется по подобию истинной Души[13]. Когда они структурно между собой совпадут, тогда эволюция на этом этапе закончится.

Центром нашей духовной формы и внутреннего разума является <u>истинная Душа</u>, которая «соединяет» духовную форму со структурами Света. Только это соединение пока условное, т.к. Свет ещё полностью не соединился с Материей, а духовная форма всё же принадлежит ей.

Истинная Душа человека не имеет отношения ни к пространству (материальной форме), ни ко времени (духовной форме). Она находиться вне их и превышает их. Благодаря этому Душа успевает следить за расширением Света, потому что является Его частью, которая проявляется в Материи через конкретного человека. Она на основе такого движения Света и создаёт его будущее, оказывая влияние на его духовный разум, а через него – на его физическую форму. Существует и обратный процесс, который завершает этот круговорот Света через человека.

---

[13] Чтобы далее нам не путаться с ними, мы истинную Душу будем обозначать с заглавной буквы, а «ложную душу» – с прописной буквы.

Мы пришли к пониманию того, что пока Материя, не имея контакта с истинной Душой, вынуждена была создать в себе подобную ей материальную «ложную душу» [11]. Нам трудно это понять, потому что функции материальной души аналогичны функции истинной Души, раз материя её скопировала в себе. Они обе стремятся к единению.

Давайте не будем пока вдаваться в такие сложности и примем эти души как одно целое, потому что они функционируют одинаково, только одна из них действует из Материи и ещё несовершенна, а другая – из Света и полностью истинная. Наша материальная душа является частью источника света, созданного уже Материей, которая, по подобию Души, развёртывает во Времени духовное «тело» внутреннего разума человека. Через него Душа ведёт материальную эволюцию. Духовный разум оказывает влияние на ментальный разум, а тот под себя совершенствует физическую форму, изменяя её внутренние структуры. Такой «механизм» Духа и Души необходим для совершенствования материального мира и его форм.

Душа человека является тем «источником», который толкает нас к нашему светлому будущему. Именно она заставляет нас эволюционировать. В своё время внутри животного человека возникла индивидуальная Душа, которая изнутри во времени развернула ложную душу. Та, далее, спроецировала в пространство структуру будущего человека и через развитие ментального разума заставила их материализовываться в более совершенные структуры.

Наша жизнь привела нас к тому, что мы пока обратили особое внимание на материальную часть нашей жизни и совершенствуем свои основные «механические щупальца». Мы забыли, что главное наше совершенствование спрятано в нашей Душе, которая напрямую связана со Светом (с Богом) и нашей духовностью. Она может не просто изменить все наши материальные законы, но и создавать свои. Для этого нужно открыть для себя свою же собственную Душу и позволить ей управлять собой. Это всё равно, что соединить Материю и Свет внутри себя, что на современном этапе эволюции довольно сложно осуществить.

Открыть Душу не очень-то просто, особенно для тех, кто очень серьёзно завязан на материальных ценностях, добродетелях, морали и т.п. Она закрыта нашим затенённым разумом, который создал вокруг неё (внутреннюю оболочку), как и вокруг нас (внешнюю оболочку) «ментальную скорлупу». Наш разум отгородил нас от внешнего мира Материи и от внутреннего мира Света. Мы оказались отгороженными от всего мира Трансцендента как внешнего, так и внутреннего. Если мы начнём открывать свою Душу, т.е. ломать внутреннюю оболочку, то это автоматически разрушит и внешнюю оболочку и наоборот. Эти оболочки получается едиными.

Мы – как тот цыплёнок, который уже созревает и начинает своей духовной, именно духовной, силой вскрывать скорлупу своего ментального яйца, чтобы выбраться из неё в новый для него мир. Когда он наберёт достаточной силы, то эта скорлупа будет разрушена, и он выйдет во внешнее пространство.

То же самое ждёт и нас: когда мы наберёмся достаточной _духовной силы_, подкреплённой прочностью материальной формой, то сможем сначала истончить эту оболочку, а затем уничтожить её полностью. Это позволит нам соединиться со Светом и получить полную Истину, став истинным _одухотворённым Человеком_. Это можно считать следующей частью нашего будущего эволюционного пути, следующей его целью.

Наши материальные достижения, конечно хороши, но они нам ничего уже не могут дать, кроме новых катастроф. Наше будущее связано с нашей новой духовностью, с открытой Душой.

Глава 8. Какая цивилизация будет следующей?

Эволюционный «механизм» нашей Души.

На закрытость Души от нашего разума сказывается несовершенство структур материальной формы и самого разума. Они своими тёмными структурами закрывают Душу и не пропускают её энергии к Свету. Такую закрытую Душу очень тяжело «услышать». Эгоизм, гордыня и тщеславие полностью закрывают её от нашего разума, присваивают себе её энергии, искажают их, искажая тем самым и структуру материальной формы, и выдают как за свои: я – человек!

Не зря все духовные источники знаний говорят о совершенствовании разума человека как об «очищении» Души[14]. Именно, только переход к чистоте Души может привести нас к полному совершенству. Каким же образом индивидуальная Душа переводит нас из одного цикла в другой, заставляя нас совершенствоваться, менять нашу материальную форму и её структуру?

Душа является неким около материальным центром Света. Через неё Свет оказывает давление на Материю, в данном случае, человека. Она содержит в себе некоторую часть Его единой структуры, которая должна материализоваться через конкретного человека. Всей цивилизацией мы материализуем весь спектр Света своего уровня, в данном случае, ментальной эволюции.

Свет постоянно расширяется. Он расширяется, как бы, квантованными волнами. Одна волна от другой отличается на величину скорости света – С. Это изображено на рисунке 11. Волны расширяются из центра системы и образуют, соответственно, свои циклы эволюции. Так расширяется сначала коллективный Дух вида, а затем уже индивидуальная Душа человека, образуя в каждом цикле свою материальную

---

[14] Душа всегда изначально чистая и не может быть загрязнена. Загрязнение скорее относится к самому разуму, чем к ней.

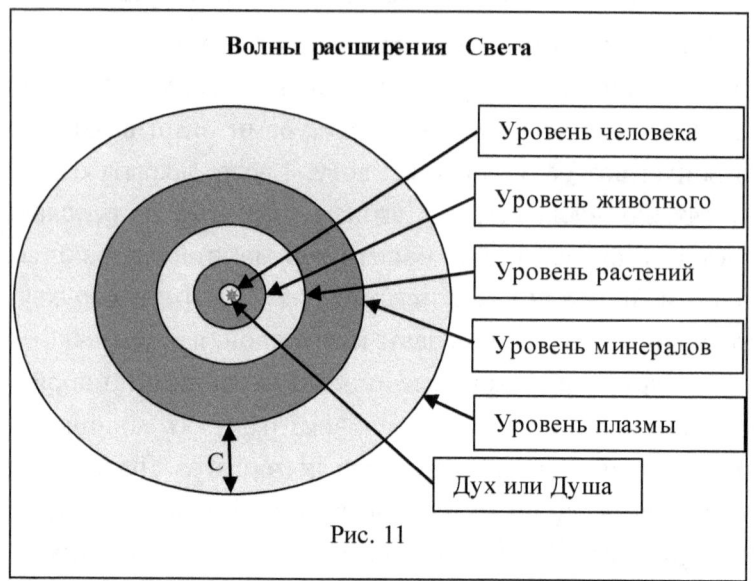

Рис. 11

структуру и форму. Сначала Дух вида, расширяясь, постепенно создаёт множественные коллективные материальные формы до животных видов включительно. При расширении происходит Его раскрытие во всё более тонкие структуры. Волны, которые находятся ближе к Источнику, обладают большей энергетикой, но более твёрдой, но гибкой структурой. Далее Дух, в цикле Кали-Юга, уже раскрывает из себя индивидуальную Душу.

Например, растения – это, суммарно, первые две волны, которые раскрывает *один коллективный Дух множественных видов*; животные – это третья волна, которая раскрывает уже *множественный коллективный Дух одного вида*. Точно такая же картина возникает при появлении волны человека, которая раскрывается уже *индивидуальной Душою*. Она уже суммарно содержит в себе все четыре волны-уровня (рис. 11).

Чем выше «номер» волны и чем ближе она находится к центру системы, тем более индивидуальным становиться Дух, раскрывающий её. Естественно, последующее расширение волн раскрывает в себе всё более тонкие структуры в формах и мире, которые они содержат в себе. Ментальный мир человека, состоящий из четырёх волн, имеет в себе более тонкие структуры, чем предыдущий, например, мир животных, имеющий всего три волны. Животные в мире человека стали обладать более тонкими структурами, которыми не обладали в своём мире. Их три волны, с приходом волны человека, расширились и «оголили» более тонкие структуры, которые ранее ими были скрыты. Кроме этого, они получили ещё и органическую структуру материи.

Наше тело сегодня ещё несовершенно только потому, что мы ещё в полной мере не «видим» своей Души и не имеем с ней полного контакта. Из-за нашей «слепоты», наше тело и разум задерживаются в развитии и совершенство протекает медленно. Только когда нам удастся открыть свою Душу, только тогда мы обретём полное совершенство.

Каким же образом работает эволюционный «механизм», связанный с нашей Душой?

Душа – это центр Времени, его «Солнце», из которого, как от источника, расходятся волны Света, но Света[15] не такого как наш обычный свет, а сферического и структурированного. Если сказать ещё более точно, то ещё существует Дух человека, которого можно назвать чистым Источником Света. Из него проецируется индивидуальная Душа. Она будет, как бы, «слайдом» с изображением человека будущего, которого необходимо материализовать [11]. Экраном, на который будет проецироваться «изображение» Души, будет являться поверхность планеты Земля, на которой будет разворачиваться для разума человека «индивидуальное трёхмерное кино». В этом «кино» будет прокручиваться вся наша пространственная жизнь, а главным актёром в нём будет

---

[15] Здесь так же с заглавной буквы мы далее обозначим божественный Свет, а с прописной – обычный свет.

наша материальная форма. Так можно символически описать воздействие Души на наш разум и материальную форму.

Это «кино», конечно, было бы идеальным, если бы наш разум не исказил «изображение». Искажая его, он как бы вмешивается в «кино» другого индивидуума и из-за этого происходят столкновения в нашей жизни. Если бы таких искажений бы не было, и «картина» была бы совершенной, то и таких столкновений бы не было. Тогда наша жизнь была бы гармоничной и счастливой.

Если бы нам удалось, расчистив разум, пройти к нашей Душе, то тогда мы обрели бы гармоничную жизнь в Свете Души, и наша эволюция стала бы постоянной без падений, а жизнь – вечной, потому что в этом случае руководство нашей жизнью получает вечная Душа. Это путь, который приведёт нас к новому виду, но это и наше будущее. Сейчас нас очень интересует то, каким же образом Душа изменяет материальные формы от цикла к циклу?

Свет-Дух содержит в себе полную структуру мира. Он раскрывает их не все сразу, а по уровням, как мы утверждали ранее, от грубых структур к более тонким. Естественно, Душа, как его часть, работает аналогичным образом. Например, первая структура – это *структура формы* растения. Далее она дополняется более второй тонкой *структурой жизни* и растение превращается в животное, которое теперь обретает движение; третья структура открывает ещё более тонкие *структуры ментального разума* и животное, начиная мыслить, становится человеком. В будущем для нас будет открыта ещё более тонкая *структура духовного разума*, которая даст человеку духовную силу и приведёт его к материализации Небес, к завершающему эволюционному обретению на Земле Рая.

Душа действует в человеке через духовное тело разума во Времени. Пока оно у нас не развито и нами не развивается. Только поэтому мы сегодня потеряли Душу. Если мы переключим своё внимание с эволюции материального разума на духовный разум, то это ускорит открытие Души.

Такими практиками занимаются практически все духовные конфессии мира, но такой переход заставляет их отказываться от обычного мира и тела. Они называют их иллюзией, майей. Но без тела не может быть совершенства. Оно возможно только в Материи, ибо она его запоминает через физические структуры тела. Если отказаться от Материи, то все эти духовные достижения окажутся «пустыми».

Духовные искатели, например, структурировали под Свет своё духовное тело, но их материальное тело осталось тем же самым, без изменений. Это будет ни что иное, как остановка эволюции в Материи. Дело в том, что на рисунке 11 волны Духа обозначены последовательными. Оно так и есть на самом деле. В Духе все эти миры статичные. Они все между собой разъединены и имеют непреодолимые границы. Там даже, обладая огромной духовной силой, нельзя перейти из одного мира в другой. Там отсутствует эволюционная возможность совершенствоваться и переходить с одного уровня на другой. Другое дело планета Земля (она кем-то была создана очень умно), на которой эти миры все собраны в одно место, и они здесь все перемешаны друг с другом. Они все едины и параллельные. Поэтому только в материи Земли возможен переход с одного уровня Света на другой, как вверх по разуму, так и вниз. Здесь возможно всё: и преобразование, и даже трансформация любой структуры в любую другую структуру. *Только в материи Земли, даже в частице плазмы, возможно достичь уровня Бога и даже стать Им.*

Материя, обретая чистые формы разума и тела, подключается к Истине и человек обретает полное Знание о мире. Зло и страдания должны будут полностью исчезнуть, потому что они сохраняются только в тёмных структурах. Смерть становиться ненужной, так как процесс инкарнации, ранее необходимый для более быстрого совершенства, прекращается. Теперь Душа становиться главным центром человека, и уже она сама управляет его жизнью. Человек, как и Душа, тогда становится бессмертным. Время становиться бесконечным. Наша жизнь превращается в сплошное Блаженство вечного существования одного только постоянно нового Настоящего, ведь прошлого и будущего больше нет. Трудные слова для нашего человеческого понимания, но это, возможно, будет нашей будущей реальностью [8].

Для того чтобы это стало реальностью, должна появиться возможность для формирования и совершенства духовного разума в тех людях, которые подходят для такого преобразования материальной формы, через её развитый ментальный разум. Это условие *развитого ментального разума* необходимо, потому что он станет основным фундаментом для получения духовного разума.

Конечно, не каждый человек на это будет способен, а только тот, кто наполнил свой «сосуд» ментальным, витальным, физическим и клеточным разумами и сумел подготовить их к очищению от грязи, к очищению свой Души от искажённой структуры материи и разумов, закрывающих её от Света. Это может сделать только тот человек, который научился посредством Души управлять своим разумом. Сегодня появилась возможность научиться этому и далее доделать это уже при помощи Верховного разума [11] (Бога).

Что мешает нам получить духовный разум уже сегодня? Что нам препятствует это осуществить?

А мешают нам все те отходы продуктов разума всех предыдущих цивилизаций: клеточного, физического, витального и уже ментального. Представляете себе, сколько мыслей, продуктов ментального разума, создано нашей цивилизацией и продолжает создаваться ежесекундно и не самых достойных. Представьте себе, сколько человек за день переваривает своих мыслей, желаний, чувств, ощущений и т.п. Все эти мыслительные энергии, в большем своём количестве не такие светлые, не дают нам возможности провести светлые преобразование и трансформацию как разума, так и тела. Они значительно усложняют этот процесс.

Эти тёмные энергии либо должны совсем исчезнуть, либо быть преобразованы или трансформированы в другие полезные виды чистой энергии. Нужна очень большая духовная сила, чтобы справиться с этим. Она должна будет очистить весь имеющийся разум и материю и освободить Душу (нужно разрушить, по сказке, замок Кощея-Бессмертного). Принцип *Эго* уже становится ненужным, так как уже сформировано индивидуальное ментальное существо – человек, и необходимо переходить на принцип *Само*: саморазвитие, самосуществование, самосовершенствование и т.д. через Душу[5].

Получается, что мы, возможно, являемся «детьми» некоего Трансцендентного существа и растём всё это время сначала, как эмбрионы, в «скорлупе» Земли, а затем, как вылупившиеся «птенцы», до взрослого состояния Трансцендента (Бога) только своего уровня.

Подгонка структур материальной формы

Всё время нам попадается фраза «очищение Материи», что это означает? Эта фраза означает, что наша физическая и разумная материя должна пройти рекомбинацию и очиститься от тёмных и несовершенных структур, стать светлой материей, которая не будет отбрасывать тени.

Итак – тёмная Материя, можем ли мы наблюдать её наяву?

Посмотрите вниз на землю под ногами. Здесь вы сразу же увидите, какая она грязная, тёмная и непрозрачная для Света. Вот эта грязь и должна исчезнуть с поверхности земли и из тела человека. Материя должна стать прозрачной и светящейся изнутри своей внутренней энергией. Каждый атом должен будет светиться, каждая клетка тела должна стать светящейся.

А теперь снова посмотрите себе под ноги и вообразите, что под вашими ногами находится океан Света, океан энергии, а вы стоите на его поверхности. Под вашими ногами яркое Солнце с миллионами температурных градусов, которое … (сожжёт всё несовершенное и тёмное, если оно не успеет избавиться от собственной тени).

Материя – и сейчас светящаяся внутри, только наш несовершенный разум закрыл её свет своей несовершенной структурой. Он закрыл в ней всё, что должно светиться. Если мы рекомбинируем свой разум и сделаем его совершенным, то в этом случае произойдёт осветление (одухотворение) Материи. Её внутренняя светящаяся энергия тогда станет проходить через совершенную структуру материальной формы, которая от неё будет светиться сама. Мы должны будем сами стать, как бы, источниками внутреннего света, который мы уже изначально имеем в себе.

Давайте представим себе этот процесс очищения материи: возьмём, например, элемент углерода, который имеет свои две производные: графит и алмаз. Графит имеет «грязный» оттенок, а алмаз – чистый и прозрачный. Элемент один и тот же – это углерод, только алмаз под действием высоких энергий стал чистым и лучезарным, почти светящимся изнутри, а графит, не получивший эту энергию, остался черным и грязным. Природа сама нам, как бы, показала процесс трансформации «грязи» Материи на этом примере. Такие же свойства имеет и Материя, которая под действием высоких энергий, станет такой же, как алмаз, чистой и светящейся изнутри, т.к. в ней находится внутренний источник Света – Душа. Таким же образом будет трансформировано и существо человека: физическое, витальное, ментальное. Это будет происходить на уровне энергий, преобразующих материю газа, жидкости и «глины» в их светлые структуры. Высокая энергия Света трансформирует эти структуры и, образованные из них, материальные формы.

Но пока, на современном этапе человек должен закончить в себе формирование ментального разума и его физической формы. Надо развивать свой мыслящий разум и научиться управлять им. Нам надо достичь определённой границы развития ментального разума, за которой наступает возможность перехода в новый вид. В настоящий момент мы подходим к тому отрезку времени нашей эволюции, который приведёт нас к последнему всплеску развития ментального разума.

Скорее всего, он уже произошёл и началась его стагнация и даже деградация. Ментальный материальный разум уже нами почти полностью проявлен. Это видно по численности цивилизации, которая уже достигает своего максимума. В ней создано множество структур ментального разума, которые в будущем начнут отбираться и уже отбираются Природой. По Книге такой отбор описан почти прямо, без символов: «агнцы» перейдут в новый мир, а «козлы» — в огонь.

Возникают на сегодня три варианта отбора: первый — «агнцы», которые имеют в себе гармоничные Свету структуры материальной формы, напрямую перейдут в новый мир; второй — «средние» могут перейти в новый мир, если ещё успеют преобразовать свои негармоничные структуры в гармоничные, но могут и не успеть; третий — «козлы», структура которых является полностью тёмной и негармоничной Свету. Они просто не выдержат энергетики нового мира (Солнца под ногами), которая на порядок будет превышать энергетику старого мира. Они полностью сгорят в её огне без всякой надежды на будущую инкарнацию.

Современное состояние цивилизации сегодня довольно плачевно. Мало кто из нас уцелеет для нового мира.

Поэтому мы и говорим об очищении тела и разума как необходимом элементе эволюции для перехода в новый мир. Чтобы не опоздать, нам необходимо понять, как негармоничные структуры материальной формы и разума подгоняются и становятся гармоничными?

До сих пор эволюцией человека занималась Природа. Сам человек только спокойно «плыл по течению реки жизни», которую она создавала. Люди, в своём большинстве, даже не задумываются об этом. Давайте попробуем понять, как Природа могла и до сих пор может работать с нами?

Итак, Природа создаёт некую внешнюю материальную и разумную структуру формы, которая уже имеет «механизм» управления своим совершенством. Он изображён на рисунке 12. Смысл этого возможного «механизма» заключается в том, что Природа должна суметь определить соответствие созданных структур материальных форм и разума структурам Света. Эталоном для её внешних структур является Душа. Для отождествления с истинной Душой Природа создаёт во внешнем разуме «ложную душу». Она служит аналогом Души и собирает в себе всю полную структуру созданной материальной формы и разума. Далее, через «ложную душу» идёт отождествление, вновь созданной Природой, материальной и разумной структур с истинными структурами Души. Если между Душой и «ложной душой» возникает энергетический обмен, а во внешнем разуме возникает чувство любви и, для начала,

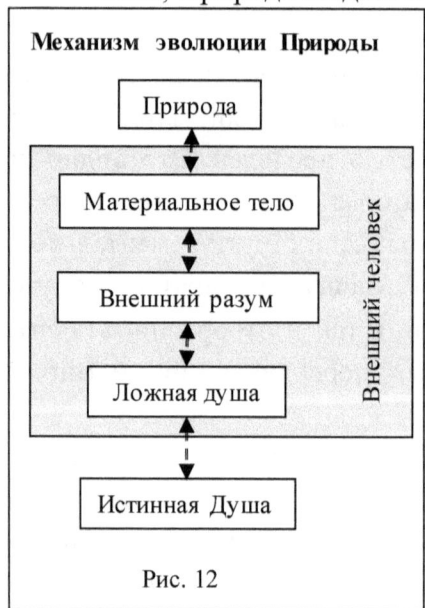

Рис. 12

теплоты, то материальная структура оказывается действенной, но может быть ещё не законченной в тонких структурах. Затем, посредством начавшегося круговорота любви между душами, Природа начинает изменять более тонкие структуры, добиваясь всё большей энергетики в этом круговороте. Она будет проводить такие изменения до тех пор, пока не достигнет некой пограничной максимальной энергетики для этого уровня. Если такого круговорота не возникает, а во внешнем разуме возникает страдание и даже горе, то тогда материальная форма, если в ней не получаются дальнейшие изменения или они ничего не дают, может быть Природой просто уничтожена.

Мы сейчас описали процесс современной эволюции посредством Природы. Ей нужно ещё много времени, чтобы нас «отшлифовать» в теле и разуме. Только этот «механизм» уже, через разум человека, может быть изменён. Он может быть переключён с Природы на Душу, которая без посредников будет напрямую в нём участвовать.

Только человеческая природа такова, что этого сделать практически не может. Наш разум двойственен по своей изначальной природе: *если есть свет, то обязательно должна присутствовать тьма*. Но даже в этом случае, мы можем через духовную эволюцию подключиться через светлые структуры к Душе. А далее, нам предстоит превзойти свой двойственный разум.

Наша будущая задача, как раз, состоит в том, чтобы, через духовную эволюцию, сначала полностью развести между собой добро и зло, а затем при достижении Верховного разума преобразовать зло в добро или его уничтожить, если такое преобразование невозможно. Более мы своим разумом сделать ничего не сможем. Всё это мы сможем значительно ускорить, если передадим управление эволюции своей Душе. Давайте это рассмотрим.

Такой предполагаемый «механизм» изображён на рисунке 13. Он уже более конкретно показывает двойственную структуру человека. Он состоит из внешнего тела и разума, подчинённых «ложной душе», и внутреннего

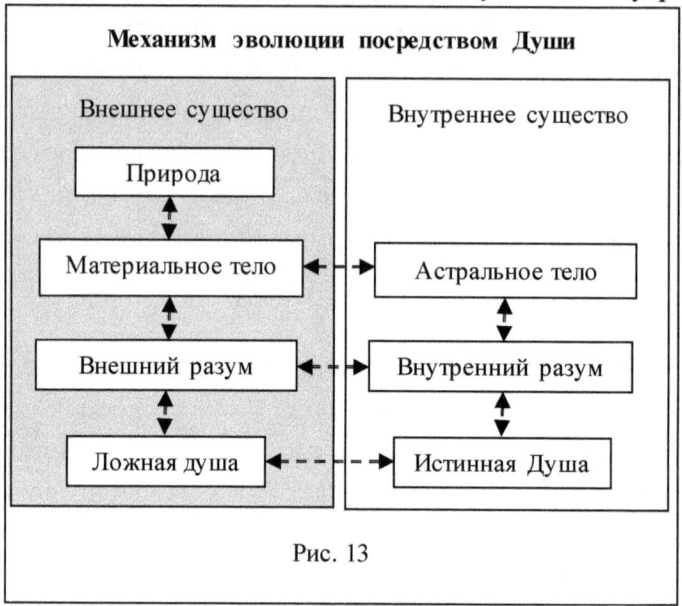

Рис. 13

тела, и разума, подчинённых истинной Душе [11]. Для того, чтобы им воспользоваться нам необходимо отыскать в себе внутренний разум. Духовные практики легко позволяют нам это осуществить.

На рисунке 13 оба тела между собой имеют прямую энергетическую связь. Она тем сильнее, чем более точно подогнана внешняя структура под идеал. Основное качество их тождества-блаженства, как и ранее, определяет энергетика душ. Только здесь Природа становиться подчинённой истинной Душе. Теперь она сама, напрямую, через внутреннее тело и разум, осуществляет изменение и совершенствование материальных структур внешнего тела и разума. К такому «механизму» совершенствования нам будет необходимо перейти в ближайшем будущем. Дело в том, что он значительно сокращает время эволюции.

Глава 8. Какая цивилизация будет следующей?

Освобождение мира или конец цивилизации

В своём исследовании нам удалось отыскать некоторые основные закономерности эволюции. Они помогли нам понять наше настоящее и даже немного приоткрыли будущее. Оно засверкало перед нами своими одухотворёнными картинами мира и даже Рая. Нам есть к чему стремиться в своём совершенстве. Только цикл Кали-Юга – это цикл полных разрушений, через которые, прежде чем мы подойдём к «воротам Рая», нам придётся пройти.

Мы, выше, уже исследовали процесс рекомбинации Материи, который напрямую связан с нашим будущим. Только он освобождает человека, разрушая его тёмные структуры. Но как будет происходить такое освобождение от структур Тьмы в пределах планетарного мира?

Давайте снова обратимся к библейским сюжетам Библии, где символически описан конец цикла Кали-Юга человеческой цивилизации и проверим здесь свои новые предположения.

...

Евангелие от Матвея. Глава 24.

15. Итак, когда увидите мерзость запустения речённую через пророка Даниила, стоящую на святом месте, читающий да разумеет,-

16. тогда находящиеся в Иудее да бегут в горы;

17. и кто на кровле, тот да не сходит взять что-нибудь из дома своего;

18. и кто на поле, тот да не обращается назад взять одежды свои.

19. Горе же беременным и питающим сосцами в те дни!

20. Молитесь, чтобы не случилось бегство ваше зимою или в субботу,

21. ибо тогда будет великая скорбь, какой не было от начала мира доныне, и не будет.

...

31. Когда же приидет Сын Человеческий во славе Своей и все святые Ангелы с Ним, тогда сядет на престоле славы Своей,

32. и соберутся пред Ним все народы; и отделит одних от других, как пастырь отделяет овец от козлов;

33. и поставит овец по правую Свою сторону, а козлов – по левую.

34. Тогда скажет Царь тем, которые по правую сторону Его: приидите, благословенные Отца Моего, наследуйте Царство, уготованное вам от создания мира:

...

41. Тогда скажет и тем, которые по левую сторону: идите от Меня, проклятые, в огонь вечный, уготованный диаволу и ангелам его:

...

Если внимательно проанализировать эти символы, то можно сделать следующие предположения:

В Святых местах христианства в Иерусалиме и в Вифлееме должны возникнуть горе, страдания, разрушения, агрессия, война, общее запустение. В настоящем времени жизнь в этих местах двигается, как раз, в этом направлении, осталось только появиться пророку Даниилу.

В следующих пунктах описано, возможно, глобальное наводнение, что и подразумевает энергетический разогрев Земли при трансформации. Оно обязательно произойдёт из-за таяния льдов на её полюсах и подъёма общего уровня воды в океанах. Всё случится так быстро, что придётся даже бежать от воды. Всё это может произойти ещё из-за активной вулканической деятельности, что так же вероятно при трансформации. Всё это, конечно, предположительно. Но вполне возможно, что это будет не наводнение, а нечто совершенно другое. Это может быть даже не какие-то природные катастрофы, а, например, вторжение инопланетного разума, которому для чего-то потребуется наш человеческий биоматериал. Это возможно будет даже материальное пришествие существ Ада и его представителей на своих НЛО. Но они не смогут тронуть избранных, которые будут помечены особым образом. Это может быть космическая война с нами, что объединит всё человечество.

В последних пунктах описано разделение человечества на тех, кто будет трансформирован в новое сверхразумное существо и войдёт в новый супраментальный мир, уготованный нам от его создания, и на тех, кто не сумеет этого сделать. Они, как мы указали ранее, не выдержат новой энергетики планеты и сгорят от неё.

На планету придёт Бог со своим ангельским войском. Только Он сможет остановить эту космическую войну Ада и уничтожит его представителей. Далее сказано так, что мы Его и Его ангелов увидим. Они и произведут это, чудовищное для нас, действие очень жёсткого отбора и перевода человека в новый мир. Тех, кто поддерживал существ Ада и служил им он отправит в «Огонь», а тех, кто с ними боролся, не боясь смерти, – в новый мир.

Вывод можно сделать довольно печальный, страшный и беспощадный: конец цикла Кали-Юга для нас может быть ужасным, если не сказать, для некоторых, смертельным. Это, может быть, будет полное разрушение и уничтожение тёмных и несовершенных материальных и разумных структур. Естественно, они находятся в людях и в том, что они создали вокруг себя на планете.

Ни одной тёмной и несовершенной структуры в мире не должно будет остаться. Пощады здесь никому не будет! Ни деньги, ни знакомые, ни друзья, ни положение в обществе, ни блат, ни связи здесь не помогут, а, наоборот, могут даже усугубить будущую ситуацию. Только духовная чистота тела и разума переведут в новый мир: «Что духовно заслуживаешь, то и получишь!»

Это, конечно, ужасно, но есть ещё время для духовного совершенства. В этом жёстком отборе милосердие и сострадания обязательно будут присутствовать, но жалости и прощения никаких не будет. Тёмные и несовершенные структуры, сами по себе, – энергетически слабые. Они не смогут существовать в новом, более энергичном мире. От его новой энергетики они просто сгорят. И получается, что тогда каждый из нас окажется перед новым Светом, Богом, ведь «бежать» с планеты будет некуда. Здесь нам придётся предстать перед новыми энергиями Света, которые и произведут отбор среди нас.

Библия, по этому поводу, нас сильно стращает. Она, пугая апокалипсисом, призывает нас к духовному совершенству и этот призыв верен и даже необходим. Мы, с приходом нового Света, получим то, что заслужили: насколько мы к этому времени оказались совершенными в своей духовной и материальной чистоте. Только это послужит критерием отбора среди нас для будущего вида.

Всё наши материальные завоевания и синтетические «божки», перед которыми мы сегодня так усердно «прыгаем», на самом деле ничего не стоят. Это – пустышки и раздутые «мыльные пузыри»! К тому же, Свет не будет ждать всех. Если хотя бы один человек это осуществит, то он может стать первым «новым Адамом» в новом мире. С него и начнётся этот переход.

Хочется остановиться на том, как «Бог соберёт все народы к своему престолу»? Вы же понимаете, что пространство планеты Земля для нас огромно и потом, собрать 7 миллиардов людей где-то в одном месте, это довольно сложно. Тем более, если человек знает, что не готов, то, скорее всего, он будет прятаться, а не идти к престолу Бога.

Здесь возникает одно интересное предположение: *в духовном цикле эволюции Бог может явно присутствовать на планете Земля*. К тому же, технологии Бога гораздо выше наших. Не означает ли это, что он со своими ангелами прибудет на космических летательных аппаратах (для нас НЛО), как это происходило ранее в нашей истории? Далее начнётся самое ужасное: война на планете Земля Бога с его антиподом, ведь он (со своей тёмной стороны) будет явно сопротивляться Богу и придёт на планету ранее его.

Только часть людей, имеющих тёмные структуры, ещё ранее погибнет от наводнений, от землетрясений и от других стихийных бедствий, которые буду становиться всё более сильными, ведь энергетика планеты уже растёт. Получается, что уже изначально произойдёт предварительная чистка планеты от структур Тьмы и её существ, а только затем явиться Бог, который доведёт дело очищения мира до конца.

Картина окончания цикла Кали-Юга получается, в наших предположениях, всё более ужасающей. Будет ли это на самом деле? Скорее да, чем нет! Выявленные нами закономерности подсказывают нам тоже самое. Есть ещё предсказания Нострадамуса о том, что «потекут красные реки, из которых нельзя будет напиться». Возможно, это более поздняя стадия трансформации Земли, когда начнёт разогреваться её верхний слой и на поверхность выйдут реки магмы из глубин Земли, а вся вода испариться. Но, может быть, что наша техногенная деятельность приведёт к порче всей воды на планете. Это уже сегодня можно назвать реальностью, т.к. наше отношение к воде и, вообще, к экологии убийственнос.

Наш ментальный разум всё засоряет своими отходами. Сколько им было сделано материальных ценностей, то столько же их затем превращено в отходы. Мы берём у Земли её ценности и превращаем их в груды отходов. Это весь принцип деятельности ментального разума на планете и в человеке. Скоро вся наша планета станет одной общей мусорной свалкой, потому что наш техногенный прогресс приводит к постоянному увеличению выпускаемой нами продукции, которую мы затем перерабатываем в отходы.

Всё это должно закончиться последним, самым мощным, всплеском «темноты». Это может быть последняя планетарная глобальная война внутри цивилизации. Весь мир должен будет поделиться на «страны Света» и «страны Тьмы», так будет проще сказать. Они и будут воевать между собой, только Тьма должна будет стать максимально возможной и на планете останется только, возможно, одна маленькая страна Света (Святая Русь), которую эти силы не смогут победить. Они «сожмут» её со всех сторон, отрежут множество территорий, но уничтожить её не смогут. Конечно, эта ситуация может быть и мягче.

Есть ещё предположение, исходя из квантовой эволюции, о нашем будущем. В конце этого цикла закончиться энергия фотона Света, создающего солнечную систему, которая будет полностью материализована. Она сегодня поступает в неё через Солнце, и его энергия закончится. Естественно, оно без неё должно будет погаснуть. Тогда наступит полная и кромешная тьма, которая описывается в Библии (*погаснут солнце и звёзды*). Вот здесь Тьма и разгуляется в полную силу, ведь весь Свет исчезнет. Далее возникают два варианта:

- первый – солнечная система переходит из Пространства в плоскость Времени (умирает) и начинается обратный процесс инволюции и дематериализации системы. Тогда Земля становиться Солнцем и в плоскости Пространства снова начинается формирование новой солнечной системы (это уже новое рождение). Это будет истинный Конец Света для нашей цивилизации;
- второй – солнечная система стабилизируется и становится стабильной, как, например, атом. Она как бы умирает, не умирая, и снова рождается, не

рождаясь. Такого состояния жизни мы ещё не знаем, хотя Иисус Христос проделал с собой то же самое. Он нам показал ещё две тысячи лет назад наличие второго варианта. Далее солнечная система переходит на более высокий уровень эволюции, связанного уже со Сверхразумом.

Первый вариант может существовать, но современный мир, по ряду некоторых косвенных признаков, более склоняется ко второму варианту. Давайте его рассмотрим подробнее.

Во втором варианте с нашей Землёю начнут происходить удивительные переходные события. Она, после кромешной темноты, постепенно станет светлеть и увеличивать свою внутреннюю энергетику, которая будет разогревать внешнюю поверхность планеты. Планета, как и вся солнечная система, будет полностью трансформироваться и обретёт новую структуру супраментальной материи. Она скоро сама начнёт светиться. Только она не будет светить как Солнце. Этот Свет будет другим. В новом «золотом» цикле Сатья-Юга солнечная система получит _новый фотон_ уже сверхразумного Света, который будет материализоваться через неё. Мы обретём новый источник _супраментального Света_, который даст нам на порядок большую энергию и новый тип супраментальной материи. Трансформированная материя планеты станет прозрачной, но твёрдой как алмаз, при этом её гибкость в структуре будет наивысшей. Она сможет успевать даже за материализацией наших мыслей, которая будет происходить мгновенно: только – подумал, тут же – получил!

Теперь понимаете почему отбор среди нас будет таким жестоким. Здесь, одной своей мыслью, мы сможем практически мгновенно разрушить вселенную, не говоря об остальном. В будущем никаких тёмных и разрушительных мыслей в своём разуме мы не должны будем иметь! Мы должны будем прийти к тому, что ни одна мысль не должна будет возникать в нашем разуме, вернее, приходить в него без нашего ведома. Мы сами должны будем управлять своим разумом, а не он нами, как это происходит сегодня!

Естественно, при такой гибкости Материи, смерть более будет не нужна. Она будет успевать за скоростью эволюции. Её будущее свечение – это внутренний чистый свет Духа или Души, скорее всего, светло-золотистого оттенка. Планета из голубой постепенно станет прозрачно-золотистой. Она будет похожа на один огромный «бриллиант», который будет усыпан на своей поверхности множеством разноцветных «драгоценных камней». Такое будущее ожидает нашу солнечную систему, к сожалению, только через сильные страдания, которые нам придётся выдержать или умереть.

Возникли новые предположения относительно цвета планеты и температуры её поверхности в зависимости от типа эволюционирующего разума: в плазменном цикле – это была *«золотая»* планета; в цикле растений – планета, возможно, имела *зеленовато-желтоватый оттенок (разогретый водород)*; в цикле животных – *красный оттенок (остывающая планета даёт инфракрасный цвет)*, соответствующий по *цвету животному разуму*; в цикле человека она обретает *голубоватый оттенок*, который соответствует *цвету ментального разума (остывшей воде)*. Следующий оттенок цвета, который соответствует духовному разуму, о котором мы говорили ранее, будет *малиново-розовый*, который уже даёт, скорее всего, разогретая поверхность планеты и он будет переходным. Если пойти ещё дальше в наше будущее, то супраментальный мир Сверхразума будет уже *золотого цвета*. Этот цвет будет похож на цвет разогретой плазмы. Исходя из этого предположения, можно уже серьёзно предположить температурные события, которые ждут нас в будущем на поверхности нашей планеты.

Во втором варианте на солнечную систему будет действовать две силы: сила нового фотона супраментального Света и внутренняя сила ранее созданных материальных форм, в т.ч. и планет. Предполагаемые действия фотона Света мы уже частично описали. Его действие направлено снаружи во внутрь материальных форм (это внешний сверхразумный Бог). Параллельно, он «разбудит» внутреннюю (духовную) энергию самих материальных форм, которая начнёт действовать изнутри наружу (это внутреннее Божество, которое должно соединиться со сверхразумным Богом). Внутренняя энергия Земли одновременно с человеком начнёт преобразовывать поверхностные слои земли, пока не трансформирует все свои слои, в т.ч. поверхностный слой, на котором мы живём.

Она будет сжигать всё то, что отбрасывает тень в структуре земли, что не смогло вовремя от неё избавиться. Весь животный мир, растительность и минералы, как представители своего типа разума, витального, физического, клеточного так же должны быть преобразованными и стать светлыми и чистыми формами. Однако они также должны обрести новую супраментальную материю формы, и стать такими же «чистыми».

Хотя в духовных источниках знаний утверждается, что человек на этой горячей планете, возможно, останется в этот переходной период один. И только когда проявиться новый сверхразумный мир, то, возможно, и даже, скорее всего, вернутся минералы, растения, животные, только в новой и светлой такой же «золотистой» одежде-материи.

Разогрев Земли и его последствия можно просчитать. Это, возможно, будут наводнения, землетрясения, вулканическая активность, общее потепление климата, с постепенным повышением энергетики планеты. Её поверхностный слой будет постепенно становиться всё более прозрачным и начнёт всё сильнее пропускать внутренние энергии планеты наружу. А вот снаружи мы должны обрести «*новое супраментальное Солнце Сверхразума и новые звёзды на небе*», о чём предупреждает Библия. Оно заменит нам наше погасшее Солнце. Возможно, солнечная система переместиться в какое-то другое место Космоса, предположительно, на границу (на Небеса) между нижним и верхним полушариями. Наша планета должна будет стать новой плазменной частицей, но уже более высокого сверхразумного уровня – центром, даже не вселенной, а, скорее, Трансцендента.

Как бабочка из гусеницы

Мы сейчас описали предположительный процесс нашей будущей планетарной эволюции, но не коснулись пока самого человека. Конец цикла Кали-Юга будет для нас жёстким, но не для тех, кто будет готов. Останется ли животный человек на планете? Это неизвестно. Он может остаться только в новом супраментальном виде, но его животный разум не сможет выдержать силы Сверхразума. Обычный человек может исчезнуть, ведь по Библии остатки его тёмной цивилизации «горят в огне».

Чтобы нам это глубже понять, давайте подведём некоторые итоги эволюции человека. Итак, мы ранее пришли к выводу, что современный человек состоит:

– *из энергетического существа (эфир, плазма);*
– *из физического (газообразного) существа, физического тела;*
– *из витального (жидкостного) существа;*
– *из ментального (плотного) существа.*

Самое интересное в том, что все эти существа существуют так же, как существовали во время своей цивилизации, как будто один мир проник в другой, а верховным управляющим единого тела и всеми этими разумами сегодня является Ум. А теперь посмотрите, как мы питаемся. Мы дышим воздухом для питания газообразного тела. Мы пьём жидкость для питания жидкостного тела. Мы едим твёрдую пищу для питания плотного тела. Но как питать энергетическое тело?

Мы забывает об этом теле, поэтому почти все современные болезни связаны с потерей энергетики энергетического существа. Мы очень часто впустую тратим его энергию на пустые мысли, желания, а от него зависит наше здоровье. Энергетическое существо напрямую связано с энергией Света (Бога) и получает её, в том числе, и от него, при этом имеет доступ к Истине. Физическое существо и все остальные существа имеют свои собственные черты, тела, органы, ткани, клетки и т.п., которые были приобретены ими в процессе эволюции. Только человек своим ментальным разумом отгородился от всех своих существ, не видит и не признаёт их. Он отгородился и от сверхфизического мира, от Бога, но всё-таки несознательно и интуитивно использует его возможности.

Остался ещё один вопрос, зачем же нам нужна индивидуальность Души?

Посмотрите на любую форму, любое растение, каждая его клетка индивидуальна. Вы не найдёте ни одной одинаковой клетки. Каждый цветок, каждый лист, каждый плод, индивидуален. В период образования ангелоподобных существ, энергия Света разделилась на миллионы составляющих, каждая из которых несёт свой аспект, свою структуру, определяемую им, свою часть целого Истины. Так и сейчас, каждый из нас индивидуален, так как несёт в себе часть этого целого. Это ещё раз доказывает, что новый супраментальный человек будет выполнять свою эволюционную работу, формируя в ней свою индивидуальную *«клетку»* Трансцендента, ибо супраментальное существо наделено и Индивидуальностью, и Силой-Энергией, и Истиной.

Движение эволюции индивидуальности Души человека можно рассмотреть так:
– «Я» клеточное;
– «Я» физическое;
– «Я» витальное;
– «Я» ментальное;
– «Я» духовно-ментальное;
– «САМО» супраментальное;
– ..., и т.д.

В этом просматривается рост индивидуальности эволюционирующего существа, находящегося, тем не менее через Дух и Душу, в единстве с Источником Света.

Душа человека – это часть божественного Света, как говорят духовные источники [11]. Она в течении всей эволюции училась овладевать материей формы и её разумом с той целью, чтобы стать через неё индивидуальной. Она даже утратила связь со Светом.

Нам всё ещё трудно отыскать своим разумом свою Душу. Нам сегодня, для продолжения своей эволюции, нужно соединиться с ней и познать всю её истину. Мы уже способны своим развитым разумом отыскать её, только нам надо направить его деятельность в эту духовную сторону.

Сегодня обычный человек своими достигнутыми духовными знаниями может значительно ускорить свою трансформацию в новое супраментальное существо. Движение должно идти от Материи (от человека) к Свету (к Богу) и, в ответ на это движение, – от Света (от Бога) к Материи (к человеку). Вокруг очищенной Души сформируется новое индивидуальное тело из супраментальной материи, которое будет состоять из нового типа материи. Это будет тело сверхразумного существа [4].

Внешний вид человека станет другим, как мы уже сказали, кристально-чистым, божественным, похожим на светящийся внутренним светом алмаз. Переход из одного тела в другое тело осуществится, возможно, таким же образом, как гусеница превращается в бабочку. Разница в структуре их материи огромная. Гусеница, можно грубо сказать – жидкостное существо, бабочка – твердотельное существо. Каким образом структура материй одного и того же существа изменяется?

Самый главный вывод из всего этого изменения состоит в том, что нервная система гусеницы и бабочки, возможно, остаётся практически без изменений и перестраивается незначительно. Это говорит о том, что гусеница, становясь бабочкой, возможно, остаётся в сознании, и осознаёт весь процесс своей трансформации. *Само слово трансформация означает, что процесс изменения структуры материи происходит в трансе.* В состоянии транса меняется формация, т.е. форма. Гусеница, становясь куколкой, должна входить в такой транс. В этом состоянии все процессы жизнедеятельности проходят в самых минимальных затратах энергии. В таком состоянии транса без питания и дыхания и даже при низких температурах можно находиться довольно продолжительное время, пока не закончится трансформация. В такой переходной период в существе гусеницы существуют одновременно два тела, старое умирающее тело гусеницы и растущее новое тело бабочки. Сила старого тела гусеницы постепенно ослабевает и исчезает совсем – это смерть гусеницы, а нового тела бабочки постепенно возрастает, наполняясь материей, освободившейся из разлагающегося тела гусеницы, – это рождение бабочки. Эти изменения проходят одновременно – одно тело уменьшается, другое возрождается. Структура материи таким же образом постепенно изменяется. Можно сказать, что трансформация гусеницы в бабочку доказывает, что такой процесс вполне возможен даже в нашей современной природе.

Как изменяются внутренние органы, ткани, клетки, а каким образом происходит изменение самого тела? Как при этом сохраняется жизнь?

Клетки тела, находившиеся под гипнотическим связывающим воздействием старого разумного тела, начинают просыпаться от этого воздействия, т.к. оно постепенно исчезает. Старое тело, как будто распадается на отдельные клетки, т.е. умирает, *но смерти нет и распада нет,* потому что бабочка не даёт им рассыпаться. Новое разумное тело бабочки начинает гипнотически воздействовать на эти рассыпающиеся клетки, заставляя их трансформироваться в новую структуру нового тела. Оно формирует свои новые органы, ткани, и даже изменяет структуру клетки – *рождается новое тело из новых клеток*. Этот процесс происходит одновременно: смерть старого тела и рождение нового тела, при их существовании одновременно в двух физических формах в одном существе. То же самое будет происходить с нами.

Такой ли процесс ждёт наше человечество в нашем будущем, мы пока точно не знаем, но подобная трансформация должна будет осуществиться в нашем теле. Конечно, гусеница и бабочка имеют более низкий уровень разума и поэтому можно утверждать, что человек этот процесс трансформации будет, возможно, воспринимать по-другому, более прогрессивно. Нам его, хотим ли мы этого или не хотим, никак не избежать!

Предварительные итоги эволюции.

Установленные закономерности позволили нам продолжить эволюционную кривую в наше ближайшее будущее. Мы, на основании их, даже попытались спрогнозировать его процессы. Наши прогнозы и предположения совпали с описанием этих процессов в духовных источниках, что позволяет нам судить о, возможной, точности наших предположений.

Духовные знания так же позволили нам в их символах найти практические сведения о возможности человека, которые помогли нам понять процесс преобразования и трансформации материальных форм и самого человека. Индийские духовные традиции с их описанием эволюции (Веды) так же дополнили наши исследования и помогли определиться с будущими циклами нашего преобразования и трансформации. От них были получены сведения о Сверхразуме и супраментальном разуме и тех существах, которые будут иметь их в будущем. Они были изучены и объединены индийским йогом двадцатого века Шри Ауробиндо [1]. Только благодаря его йогическим и духовным исследованиям в этих областях нам удалось создать такую полную картину нашего прошлого и будущего.

Итак, давайте подведём некоторые итоги и ещё раз кратко опишем процесс эволюции Земли и человека.

Цикл Сатья-Юга, Золотой век (полная Истина):
- *формирование энергетических форм;*
- *точечно-линейный разум (первое измерение);*
- *плазменная материальная форма минералов;*
- *формирование клеточного разума.*

Переходной период:
- *формирование материальной физической формы клетки;*
- *появление многоклеточных газообразных существ.*

Цикл Трета-Юга (Истина закрыта на одну четверть):
- *формирование растительных форм;*
- *формирование физического разума;*
- *плоскостной разум (второе измерение);*

— *газообразная структура материальных форм.*

Переходной период:
— *формирование витального, животного существа;*
— *появление животных существ.*

Цикл Двапара-Юга (Истина закрыта на две четверти):
— *формирование животных форм;*
— *формирование витального разума в животном теле и его развитие;*
— *объёмный разум (третье измерение);*
— *жидкостная структура материальных форм.*

Переходной период:
— *формирование ментального существа в животном теле;*
— *появление человека-животного.*

Цикл Кали-Юга (Истина закрыта в конце цикла полностью):
— *формирование человека-ума;*
— *формирование ментального разума и его развитие в человеческом теле;*
— *формирование духовного разума и его развитие в человеческом теле;*
— *«сверхобъёмный» разум (четвёртое измерение);*
— *органическая структура материальных форм.*

Переходной период:
— *формирование сверхразумного существа;*
— *появление супраментального разума.*

Цикл нового Сатья-Юга (Сверхразума) (Истина в конце цикла открывается полностью):

- *формирование супраментального человека путём преобразования и трансформации материи формы;*
- *формирование супраментального разума (пятое измерение) и его развитие в трансформированном человеческом теле;*
- *супраментальная структура материальных тел.*

Новый цикл Сатья-Юга, возможно, имеет свои циклы – это новый цикл нового уровня Маха-Юга. Из этой последовательности выступает определённая закономерность развития эволюции.

Источник и двигатель эволюции нами выбраны правильно, но всё-таки остаётся возможность для ещё более глубокой Истины происхождения нашей цивилизации. Происходит всё так, как будто бы семя прорастает, образуя корни, листья, цветы, плоды и много новых семян. Потом семена разлетаются в Космическом пространстве и всё начинается сначала.

Представим себе, что свёрнутая солнечная система – это обычное семя, которое есть «ничто» (точка), но содержит внутри себя «нечто» (растение). Плотность семени намного больше плотности растения. Например, зерно пшеницы намного твёрже структуры материи самого растения. В статическом состоянии ничего не происходит и необходимы определённые условия для начала эволюции. Когда эти условия появляются то, тогда внутренняя энергия семени (Божий Дух) запускает программу его эволюции в растение. Эта внутренняя энергия, внутренние запасы материи (такие обязательно имеются) начинают движение по выполнению программы. Образуются тонкие поля будущих листьев и корней, которые постепенно заполняются материей. Так семя образует сначала два ненастоящих листа и небольшую корневую систему. Это новый источник энергии для эволюции. Её семени хватило только на то, чтобы создать эту новую «энергетическую станцию» (цикл Сатья-Юга, энергетические существа). Следующий цикл появление основных настоящих листьев и корней растения, цикл Трета-Юга: растение подключено к свету, питается энергией Солнца и строит своё тело из материи Земли (физическое существо). Далее следует цикл Двапара-Юга: растение образует цветы, которые уже не занимаются фотосинтезом, но всё ещё радуются Солнцу и питаются за счёт растения (витальные существа). Цикл Кали-Юга: образование плодов, которым не нужно Солнце и Земля, питающие только за счёт растения и живущие сами по себе, занимаясь только своей индивидуальностью, семенами (ментальное существо). Так цикл за циклом будет проходить до тех пор, пока не будет образовано все растение, пока оно не даст плодов, много новых семян (свёрнутых солнечных систем). Это будет уже новый цикл Сатья-Юга.

Когда созревший плод раскрывается, то из него высыпаются семена, которые соприкасаются с внешним миром, ранее не знавшие его. Он намного больше их предыдущего замкнутого мира плода. Эти семена обретают полную Истину внешнего мира. Как и сам человек, выбравшись из «плода» Земли, соприкоснётся с полной Истиной, осознает весь огромный мир Трансцендента.

Это было бы тождественно первому варианту окончания эволюции, когда наша эволюция началась бы сначала, с нового семени. Но *наша эволюция уже пошла далее по второму варианту*. В этом случае, плод, не трогая основного растения, преобразуется и трансформируется под некое новое сверхрастение (материальную форму Сверхразума). Мы получаем совершенно новые семена (супраментального человека) из новой структуры материи, которые будут развёртывать уже новые растения (не солнечную систему, а, возможно, уже Трансцендента). Это частично подтверждает наше утверждение о том, что следующая форма существа будет твёрже и плотнее существующей, точно так же, как у семени.

Переходной период для нашей цивилизации уже начался. Человеку уже пора принимать решение: быть или не быть ему новым видом. Эволюция может продолжиться и без него. Мы можем просто исчезнуть, как ненужная для эволюции цивилизация, которую можно будет занести в «Красную Книгу исчезающих цивилизаций», как ещё один неудавшийся эксперимент. Судя по тем процессам, которые проходят сегодня на нашей планете, можно с уверенностью сказать, что наша цивилизация будет существовать и в будущем.

Нам уже удалось, через Шри Ауробиндо, соприкоснуться со Сверхразумом! Далее, это точечное единение будет только расширяться, неся за собой определённый последствия по преобразованию и трансформации Им под себя нашего мира.

Глава 9. Последние штрихи единой «картины-версии»

Подходит к завершению написание нами единой «картины-версии» эволюции. Мы попытались изобразить её как можно точнее, используя имеющиеся знания, как материальные, так и духовные. В ней нам удалось обрисовать возможный путь эволюции цивилизации, планетарной системы и даже элементарных частиц. Она отразила в себе сверкающую светом игру энергий и материй в мире Пространства и даже в мире Времени.

Слово «*жизнь*» в ней заиграло яркими красками в своём более широком смысле. В «картине-версии» *истинная Жизнь* получается у нас бессмертной, а само слово «*смерть*» становиться теперь просто переходом человека, до своего следующего рождения, в другое состояние сознания и материи.

Возникли такие гипотезы и откровения, о которых до этого мы не имели ни малейшего представления. В «картине-версии» они выглядят до такой степени бездонно, что в них можно постоянно искать бесконечную Истину. Она уже подправлена нами в деталях и нам осталось сделать в ней только последние штрихи, на которые мы способны.

Итак, мы пришли к пониманию того, что человек – это ментальное существо, который всё ещё эволюционирует в цикле Кали-Юга. Им были ранее пройдены все предыдущие циклы описанной эволюции. Только он не можем вспомнить даже свою предыдущую жизнь. Неужели мы сами эволюционировали в прошлом от минерала до человека, от

Глава 9. Последние штрихи «картины-версии»

частицы плазмы меньше нашего атома до сегодняшнего уровня цивилизации? Только, кто из нас может вспомнить свой эволюционный путь?

От нас закрыли всю информацию и стёрли всю память о прошлом, но прошлое это обратная сторона будущего, которого мы также пока не знаем. Нас поставили в такие условия, что мы вынуждены искать и своё прошлое, и заново предполагать своё будущее. Мы видим только своё настоящее, в котором и живём, и то, только в узком диапазоне времени. *Обычный человек – это всё ещё несовершенное переходное существо.*

Нам удалось предположить, что будущий супраментальный человек, эволюционно следующий за обычным человеком, – это уже реальность, а не очередная фантазия исследователя, хотя нам очень трудно в неё поверить. Вы думаете, что минералы верили, что станут растениями, а растения могли знать, что станут животными, а сами животные никогда бы не поверили, что сформируют в своём теле человека, который пока ещё использует их животное тело? А что же тогда человек, поверит ли он теперь в будущий вид, который материализует из себя, или нет?

Круговороты «Совершенствования» вращаются без передышки. Эволюцию нам не остановить, как бы нам не хотелось оставить всё так, как есть сегодня. Только, кто из нас захочет стать лишним членом нашей цивилизации на этой планете? Мы ещё – незаконченный вид и пока ещё даже не достигли уровня ментального человека. Мы – не те растения, которые остались растениями до конца существования мира, не те животные, которые остались животными и которые будут существовать в таком качестве пока существует мир, а те, кто всё ещё идёт к своей скрытой эволюционной цели. Наш человеческий вид пока не закончил своей эволюции. Каким будет её итог, мы пока не знаем и можем его только предполагать.

Современный ментальный человек не сможет жить спокойно до тех пор, пока не станет совершенным, пока мы своим умом при помощи развития духовного разума не достигнем нового этапа эволюции и не встанем на путь поиска супраментального человека.

Все предыдущие промежуточные виды прошлого (лемурийцы, лемуро-атланты, атланты) исчезали бесследно, да так, что мы до сих пор не можем найти их «следов». Человек, который остановится в своём развитии и который не будет способен далее эволюционировать, возможно, точно так же, сам исчезнет за ненадобностью, как исчезли все эти предшествующие нам переходные виды.

Нами пройден большой и довольно продолжительный, по нашим меркам времени путь в эволюции Земли и уже виден конец нынешней цивилизации человека-ума. Наш материальный разум уже созревает для того, чтобы взять управление совершенствованием в свои же «руки», отобрав это право у Природы. На горизонте эволюции уже возник супраментальный человек, что говорит нам о том, что *новый эволюционный переходной период уже начался.*

Единое тело.

По ходу исследования свойств Души человека мы наткнулись на интересное предположение о том, что все виды живых существ на нашей планете, возможно, оказываются индивидуальными клетками «тела» некого Высшего Единого существа следующего уровня эволюции [11]. А это предположение влечёт за собой другое предположение о том, что в начальный момент формирования нашей планеты на ней должно быть столько же элементов эволюции, сколько будет «клеток в этом высшем теле». И если мы отождествляем его с телом человека, то это количество приблизительно равно – 10^{13} клеток. Почему вдруг появилось такое предположение?

Дело в том, что даже в яйцеклетке человека уже структурно заложено это общее количество клеток, которые затем постепенно проявляются в теле. Развитие эмбриона в матке матери – это и есть эволюция от одной клетки к множественной конкретной клеточной единой материальной форме. Процесс развития эмбриона полностью подобен процессу нашей эволюции и даже символически полностью тождественен ему, только он протекает на уровне клеток эмбриона. Мы точно так же получаем четыре цикла: клетки (плазма, минералы), ткани (растения), органы (животные) и единая многоклеточная материальная форма (человек).

Клетки, постоянно размножаясь, распределяются по типам, в зависимости от своего назначения в теле. В начальный момент все клетки тела практически одинаковые и мало чем отличаются друг от друга. Далее, постепенно, они начинают расти и разделяться по своим свойствам и типам. По своему назначению в теле они собираются в группы, будущие типы тканей.

В конце взросления формы, все клетки становятся разными и разделяются, образуя свои типы клеток для тканей и органов, составляющих единое тело. Получается, что это *единое тело постепенно развёртывается из одной клетки до многоклеточного разумного существа, оставаясь Единым*. Оно как было единым, так им всегда и остаётся, только становится всё более совершенным по своей структуре в Материи.

Если взять за основу эволюционное совершенствование «*единого тела*» в планетарном масштабе, то возникает *параллельно-последовательная теория происхождения видов*. Заключается она в том, что на старте эволюции нового уровня постепенно раскрываются и определяются все элементы будущего мира в свёрнутом виде. Это можно назвать *параллельной эволюцией видов*. Далее, последовательно каждый элемент или вид раскрывается на своём этапе эволюции и проходит на нём свой путь развития и становления. Он использует для этого уже *свою последовательную цепочку промежуточных видов*, придя на финиш эволюции, в соответствующей ему, конечной материальной структуре. Он может последовательно сначала стать растением (*цивилизация людей-растений*), потом может стать животным (*цивилизация людей-животных*) и на этом остановится, или далее уже стать человеком, если это его конечная цель. Всё зависит от того, какая конечная эволюционная цель в него была *изначально заложена*. Это – как работа молекулы ДНК, которая даст только тот тип белка, на который она запрограммирована.

Конечно, мы, вроде бы, ранее вели речь о соревновании между видами за высший пьедестал на финише эволюции разума, но, как мы видим, это может быть ошибкой и каждая «клетка» должна иметь своё место и тип в теле будущего «Единого существа» Земли. Их становление в назначенном типе и есть процесс эволюции.

Как мы здесь понимаем, *лишних «клеток» в «Едином теле» быть не может*! Можно смело утверждать, что *в нашем мире всё заранее отмерено и предопределено*. Явно должен существовать некий Идеал, под который Материя подгоняет мир, формы и существ.

Параллельно-последовательная эволюция видов.

Какой у обычного человека может быть эволюционный выбор в этом параллельно-последовательном предопределении, если им скрыто руководит «слепая» Природа, ведя его по пути эволюции?

Это Природа выбирает за нас, а не мы сами выбираем за себя. Только она хитрит с нами, позволяя нам считать, что это мы сами имеем выбор. С этим нужно согласится и принять. А если мы хотим, действительно, сами выбирать, то тогда это право выбора нужно забрать у Природы. Это может сделать только одухотворённый человек.

Всё было бы намного проще, если бы Материя сразу же формировала свои формы по подобию этого Идеала. Но ранее мы говорили, что Материя «слепа» и находиться в постоянном его поиске. Она не видит Идеала и только ощущает на себе его воздействие. Вполне возможно, что она сначала создаёт гораздо большее количество параллельных видов, затем она их последовательно развивает и пытается совершенствовать в своих циклах. В конце циклов Природа проверяет их всех на тождество Идеалу и все ненужные виды отбраковывает и уничтожает, что ждёт и нас в ближайшем будущем. Здесь мы будем честны: ни одной лишней «клетки» в «Едином теле» быть не может. Отсюда возникает вывод, что существуют две ветви процесса становления мира:

— **Первая ветвь** — это Идеал, который постепенно развёртывает свои структуры от цикла к циклу через *инволюцию Света (Духа), которая изначально истинная.* Он развёртывает свои структуры последовательно, постепенно расширяясь, заполняя их материей. Если сразу же в цикле, например, Трета-Юга (газообразный цикл растений) развернуть Идеал современного человека, то Материя просто не сможет его повторить, т.к. пока не существует таких сложных структур материальных форм, соответствующих человеку, и органической структуры материи. В Свете не может быть никакого отбора, никаких лишних форм и видов, ибо все его структуры изначально идеальные.

— **Вторая ветвь** — это бессознательная «глина» Материи, из которой нужно слепить Идеал, копируя его из мира Света. Это и есть, например, *эволюция человека в Материи*. Она слепо из него его «лепит», как мы утверждали ранее. Ей приходиться *создавать много лишних членов цивилизации*, чтобы затем отобрать из них только те, которые соответствуют Идеалу. Здесь уже существует понятия совершенствования и отбора.

Процесс эволюционного становления и отбора по своей сложности в Материи имеют ступенчатый вид и разбит на четыре цикла. В каждом цикле создаётся свой мир и имеются свои структуры материи и форм. Все миры, в конце циклов, соответствуют Идеалу на своём структурном уровне. Например, растительный мир в своём цикле эволюции должен полностью соответствовать нашему современному миру, но только в своих грубых структурах, ибо тонкие структуры, соответствующие миру человека, там пока отсутствуют. Грубые структуры возникают от того, что элементы «Единого тела» ещё до конца не материализовались, а только начали этот процесс.

Структуры каждого мира, в самом начале его проявления, появляются практически *параллельно и все сразу*, но грубыми. Как сказано в Книге, что их творит Бог. Здесь возникает предположение, что *конечный Мир уже полностью имеет место в Идеале Света*, но он проходит своё постепенное становление в Материи от уровня к уровню, ибо она не может его сразу же точно скопировать. Получается, что даже Бог каждый новый «день» только запускает свои готовые «программы»: что, когда и на каком уровне разворачивать, а не творит их заново, хотя он может и это.

При совершенствовании грубых структур происходит *последовательное раскрытие* в них более тонких структур, относящихся к определённому циклу эволюции, которые далее заполняются материей. Только в конце цикла, когда материальные формы обрели подобие Идеала этого уровня, лишние формы уничтожаются и остаются только те структуры, которые ему полностью соответствуют. В следующем цикле они могут продолжить совершенствование в развёртывании более тонких структур до полного их тождества с Идеалом.

Глава 9. Последние штрихи «картины-версии»

Получается, что начало эволюции видов в любом цикле, будет практически *параллельным*. Все виды и формы существ появятся там почти одновременно, но в грубой форме, а далее, чтобы Материи найти более тонкие структуры этого цикла, ей придётся создавать бо́льшее количество форм и видов, чем это необходимо, чтобы ничего не упустить. Далее они перейдут *в последовательную фазу* своей коллективной, видовой или индивидуальной эволюции. Это уже более походит на мутацию вида в процессе совершенствования и становления, но только в пределах одного цикла.

Далее, в своём цикле, каждый вид уже будет эволюционировать сам по себе, в силу заложенных в него способностей: отбраковываться или совершенствоваться. Скорость его эволюционного совершенствования будет зависеть только от точности созданных Природой в нём тонких структур. Величина уровня разума, соответствующего своему циклу, будет «лакмусовой бумажкой» его достижений в структурной точности к Идеалу. Это позволит ему далее или развиваться, или останавливаться в развитии, или полностью исчезнуть.

В следующем цикле эволюции уже будет другая, ещё более тонкая структура материи и другие, более совершенные формы. Так будет осуществляться *частная эволюция* в каждом конкретном цикле. Её общая тенденция будет направлена на всё большее достижение точности в тонких структурах между Светом и Материей. При полном структурной точности миров, форм и существ Идеала Света и форм Материи далее произойдёт процесс их Единения между собой.

Предопределение или выбор?

Давайте снова вернёмся к выбору человека. Здесь, при описании параллельно-последовательного действия эволюции, мы полностью упустили возможность его собственного выбора. Существует ли он на самом деле, ведь ранее мы указали на тождественность каждой «клетки» Идеалу, что означает её эволюционную предопределённость? Получается, что как бы мы ни крутились в своём совершенствовании, но всё равно мы должны будем прийти к Идеалу и должны будем полностью ему соответствовать. В противном случае, нас ждёт библейский «огонь».

Выбор у нас, конечно, есть, но он состоит в следующем: *мы сами или выбираем соответствие с Идеалом, или нет!* Есть ещё третье состояние, когда нечто выбирает вместо нас, как это происходит сегодня. Только куда оно нас поведёт и каким путём, длинным или коротким, мы не можем этого знать. Да, и какой выбор мы имеем в виду, если нами до сих пор управляет Природа, выбирая за нас?

«Единое тело» не может состоять из «клеток», которые ему не соответствуют. Если клетки тела окажутся другими по своим характеристикам, то мы получим нечто подобное болезни и даже раковому заболеванию. А далее тело, если эти клетки не исчезнут, ждёт смерть.

Нам, как-то, не очень хочется считать, что нами правит Природа. Это уязвляет человеческое самолюбие, хотя, на самом деле, так оно и есть. А может ли Природа сама всё время делать правильный выбор или нет?

Её выбор, если он верный, обязательно ведёт нас к соответствию с Идеалом, если – нет, то это явное исчезновение в конце цикла. Если она через нас выбирает Идеал, то наша эволюция будет прогрессировать и совершенствоваться; если она, по своей слепоте, ошиблась в своём выборе, то мы уже не будем стремиться к нему. Тогда наступает процесс стабилизации или даже полной деградации человека.

Вот в этом и состоит весь, вроде бы, наш выбор! Обычный человек его, практически, не делает и никак сам не влияет на свою эволюцию. Это очень трудно признать, но здесь явно существует предопределённость, которую осуществляет Природа. Можем ли мы как-то влиять на её выбор?

Эволюция в своём совершенстве материальных форм привела нас к ментальному человеку, обладающего разумом. Кстати, все живые и неживые существа в этом цикле Кали-Юга обрели способность к ментальному разуму. Например, кроме человека это были ещё растения, животные и все остальные формы. Только у них ранее в процессе эволюции не был запущен «механизм» раскрытия и совершенствования ментального разума (они не ели плода с «дерева познания добра и зла»). Поэтому он у них находится сегодня в свёрнутом, зачаточном состоянии, но он есть! Только они сами не могут его «запустить» и далее развивать. Это уже опять прерогатива Природы. Поэтому в этом цикле эволюции совершенствуется только человек, который один из всех видов имеет такую способность (здесь для нас постарались Ева со Змеем). Только человек запустил в себе процесс развёртывания ментального разума и должен достичь *ментальной структуры идеального Человека*, что и привело к соревнованию внутри вида человека.

Ментальный разум, хотя и обладает небольшой силой, но уже способен частично создавать своё будущее сам. Только обычный человек этим заниматься не хочет или не знает, как? Он уже может, даже не осознавая того, своим разумом участвовать в выборе Природы. А если он ещё обратился к духовным знаниям и стал обретать духовную силу, то его влияние на Природу будет уже более значительным.

Те люди, которые в своей структуре оказываются ближе к Идеалу, получают и большую возможность к совершенствованию, отбирая всё большее право выбора у Природы. Они двигаются в своей эволюции быстрее остальных. К финишу мы придём все вместе, но с разными достижениями. А далее произойдёт отбор и останутся только те люди, которые будут структурно тождественны Идеалу. Эволюция Материи ведёт нашу цивилизацию к совершенству, а отбор из общего количества членов вида будет производиться, по Библии, сначала Природой, а затем самим Богом, т.к. численность цивилизации пока явно – более необходимой.

Вот приблизительная структура процесса последовательно-параллельной эволюции видов на планете Земля. Начинается она с параллельного и одновременного формирования всех материальных форм цикла, совершенство которых приходится уже на её последовательную часть. Окончание процесса снова связано с новой параллельной ветвью формирования, после проведённого отбора, уже на более высоком уровне, за которым следует новый мир и новый последовательный процесс эволюции.

Чередование типов эволюционных процессов

Параллельно-последовательная форма процессов эволюции подтолкнула нас к новым направлениям в исследовании. Дело в том, что последовательная форма любого эволюционного процесса имеет отношение к миру Пространства и Материи, а параллельная – к миру Времени и её Энергии. Здесь мы получаем последовательность этапов эволюции следующими: параллельный – последовательный – параллельный – последовательный и т.д. Это натолкнуло нас на мысль о возможном чередовании материальных и духовных периодов эволюции: духовный – материальный – духовный – материальный и т.д., соответственно.

Внутри любого цикла мы уже получили два переходных периода с параллельной частью эволюции (начало и конец) и один – с последовательной. В переходных периодах происходит изменение основной структуры материи и полностью меняются миры, например, мир

Растений на мир Животных. Переходные периоды имеют отношение и к духовным, и к материальным циклам эволюции.

Если мы снова посмотрим на рисунок 5а, то сразу же видим, что переходные периоды начинаются при максимуме одной силы и полного отсутствия другой. Они осуществляют постепенный переход миров только при прохождение любой из сил через нулевую отметку и максимуме другой.

Если сегодня в нашем мире, например, полностью обнулить материальную силу, т.е. полностью лишить его материальности, то что от него тогда останется? Скорее всего, он просто перестанет существовать. Но чтобы сохранить все его эволюционные достижения для следующего цикла эволюции его переводят в мир Времени. Если говорить нашим обычным языком, то материальный мир должен умереть и оказаться в потустороннем духовном мире Времени. Если и нас ждёт тоже самое, что скорее всего, то нам апокалипсиса никак не избежать.

Давайте более подробно рассмотрим окончание нашего цикла Кали-Юга. Он должен закончится при максимуме материальной силы и нулевом значении духовной силы. Современный мир в прошлом двадцатом веке, практически, полностью лишился духовности, а его материальность, действительно, достигла максимума. Это нам указывает на то, что уже должен начаться переходной период между сменой циклов. Всё, что сегодня происходит в мире, все его «бурления» указывают на это.

Этот рисунок 5а лишний раз нам доказывает, что материальная «ночь» на планете заканчивается. Со спадом материальной силы и подъёмом духовной силы уже наступает «рассвет». Когда духовная сила «Небес» достигнет значительной величины, уже можно будет говорить о начале духовного «дня» на планете. Если кто ещё сомневается в этом, то его с наступлением «дня» просто «поглотит» Свет.

Во время переходного периода к структурам предыдущего мира добавляются новые, более тонкие, структуры будущего мира. Только это получается не сразу. Дело в том, что предыдущий мир приходит к своему окончанию эволюции точно так же, как к нему приходит, например, наш современный мир. Что мы видим? Наличие зла, тьмы и другой нечисти и несовершенства. Такой мир не может далее эволюционировать и ему требуется отбраковка и рекомбинация элементов.

Кто проводит отбраковку несовершенных и более ненужных структур? Мы уже говорили, что ей занимается Природа и Бог. Если использовать знания квантовой механики, то здесь можно утверждать, что с ростом величины духовной силы, возрастает энергетическое давление на все тёмные и несовершенные структуры. Просто произойдёт их «выжиганием» возрастающей духовной силой Света.

Если структуры формы соответствуют Идеалу, то они являются светлыми и чистыми, а если нет, то тёмными. Энергия Света в переходном периоде, постепенно возрастая, действительно будет «выжигать» все тёмные структуры, а останется ли после этого жить та материальная форма, в которой они содержались? Конечно, всё будет зависеть от количества темноты в этой форме.

Для этого и нужен переходной период, чтобы предыдущий мир отбраковать и оставить в нём только совершенные структуры и формы. После такой отбраковки предыдущий мир становится по своей структуре, на своём уровне, близким к Идеалу. После этого его можно будет переводить в новый эволюционный цикл.

А теперь представьте себе наш несовершенный мир! Если провести такую отбраковку Светом сегодня, то что от него и от нас останется? А переходной период уже начался и времени у нас уже, практически, нет. А человек всё ещё размышляет, а есть ли Бог или его нет? Его лучше перефразировать так, а оставит ли нас Бог на планете или нет?

Мы пришли к тому, что, отбракованная Светом, оставшаяся структура предыдущего цикла вся параллельно переходит в новый цикл без изменений. Далее к ней добавляется уже новая, более тонкая структура Света. Вернее, она не добавляется, а раскрывает себя в более тонкой структуре для нового цикла, «как цветок – Солнцу». После этого начинается новый последовательный эволюционный цикл в Материи мира Пространства по материализации новых тонких структур, полученных от Света.

Так работают все переходные периоды между циклами. Это очень узкий диапазон времени. Он может иметь протяжённость во времени величиной в несколько столетий или одно-два тысячелетия. Только во время переходного периода возможно произвести трансформацию миров и их структурное содержимое.

Время переходного периода стоит как-то особняком от «кванта Света» рисунка 5а. Оно обозначено на нём узкой линией разграничения между циклами, которая нам ничего о нём не говорит. Переходной период, каким-то образом, переключает направления действия сил в «кванте Света».

Это, как в нашей ДНК, когда один нуклеотид закончил свою работу, кто-то переключает её на следующий нуклеотид. Мы никогда не задумывались над этим вопросом, а кто же осуществляет переход от одного цикла эволюции к другому. Даже Бог считал время эволюции «днями», которыми он, получается, не мог управлять.

Время переходного периода не имеет никакого отношения к тем циклам, которыми мы эволюционируем. Это время мы определим, как внешнее, которое принадлежит более высоким уровням и мирам. Только там оно имеет достаточно духовной силы для осуществления трансформации целых миров и переключения с цикла на цикл.

Остановимся на этом внешнем времени переходного периода, а то мы получим уже некую высшую квантовую «механику», в которой запутаемся окончательно.

Говоря о нашей эволюции, мы ранее утверждали, что циклы имеют отношение, как к Материи и Пространству, так и ко Времени и его Энергии (рис. 5а). Мы тогда отнесли магнитную силу фотона Света к материальной части эволюции, а электрическую силу – к духовной части. Вот здесь Время, внутри фотона Света мы уже относим к внутреннему Времени циклов, соответствующее своему уровню эволюции. Мы внешнее и внутренние Времена не должны путать между собой, ибо они имеют разные уровни.

Теперь давайте определимся с внутренним Временем. Если материальный цикл может иметь отношение к развитию структур материальных форм в Пространстве, то духовный цикл – к развитию величины силы в этих материальных формах во Времени, о чём мы говорили ранее. Чтобы лучше это понять мы нарисовали рисунок 14. На нём отображены все эволюционные циклы и развитие в них соответствующих им цивилизаций.

Например, цикл Сатья-Юга показывает нам развитие минеральной «цивилизации» во Времени, которое им дало духовную силу. Как мы видим, она далее вошла во все остальные миры. Их ветвь развития получается духовная, но они настолько малы, что в этом ракурсе мы мало что о них знаем. Поэтому просто примем это как есть.

Следующий цикл у нас будет цикл Трета-Юга – это цикл растений, газообразных форм. Он получается у нас уже материальным и пространственным. Действительно, в этом цикле Материя получила все структуры своих форм – это *материальный* цикл обретения *физических форм*.

Следующий за ним цикл Двапара-Юга уже снова получается духовным – это *духовный* цикл обретения *силы жизни*. В этом цикле все материальные формы получают

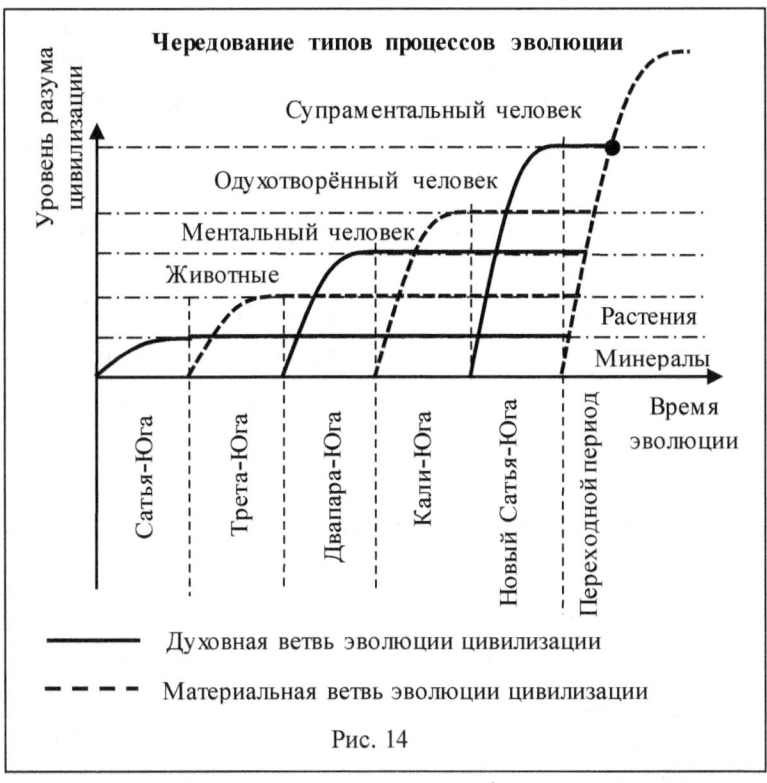

Рис. 14

силу, но её воспринимают только те формы, которые смогли её в себе развить. Мы эту силу имеем в виду, как материальную, но цикл мы имеем духовный.

Что-то здесь не так?

Сила действительно принадлежит Материи, но в отличие от самих материальных форм, которые существуют в пространственном мире, она — понятие мистическое, потустороннее, ведь мы её не видим. Она принадлежит потустороннему миру Времени, который существует в Материи, как внутреннее время. Получается, что животные должны быть способны или иметь некий духовный «механизм», который позволил им получить и развить в себе эту силу. Она почему-то, пространственно, связана с новыми жидкостными структурами материи и действует через них, заставляя их двигаться.

Цикл Кали-Юга — это снова *материальный* цикл развития ментальных разумных *мыслеформ*. Они, вроде бы, так же потусторонние, но их нам даёт магнитная сила, что и говорит нам о материальном цикле. Они имеют уровень четвёртого измерения «a^4», а мы до сих пор пользуемся только третьим измерением «a^3», поэтому мы их и считаем потусторонними. Мы ещё до этого ментального уровня не доросли. В этом цикле совершенствуется только человек, который получил возможность для обретения ментального разума и его совершенствования. Все остальные виды так же имеют этот разум, только он у них не развит и не развивается.

Цель человека в этом цикле — это научится обрабатывать и материализовывать мыслеформы и познавать их истинную суть (добро или зло). Сам разум является потусторонним и мыслеформы, вроде бы, приходят к нам из мира Времени. Только *внешний разум* у нас получается *пространственным*. Поэтому он «переводит» мыслеформы из мира внутреннего Времени в мир Пространства, где затем и *материализует*.

Новый цикл мы сначала хотели объединить с предыдущим циклом Кали-Юга, но затем вывели его отдельным новым циклом Сатья-Юга. Это будущий *духовный* цикл обретения *силы разума*, переходной период которого уже начинается. Духовная сила, однозначно, принадлежит потустороннему миру внутреннего Времени. Мы даже можем сказать более, что она принадлежит в нём Верховному разуму (Небесам) [11]. В человеке она напрямую связана с его внутренним разумом, который уже имеет прямое отношение ко Времени. Именно через этот мир Времени человек получает *духовную силу* от Небес (Бога).

Если ранее животный человек получил разум через материализацию в себе ментального человека, то духовную силу обычный человек получит только через материализацию в себе некоего существа Небес – одухотворённого Человека[16].

Ментальный, обычный человек уже совершенствуется по подобию одухотворённого Человека Небес, но пока он только сформировал под него физическое тело и ментальный разум. Далее необходимо обычного человека одухотворить. Сила разума обычного человека в цикле Кали-Юга была не развита и не развивалась, ибо цель эволюции была другая: только познание мыслеформ через добро и зло. В новом цикле Сатья-Юга ментальному человеку с развитым разумом открывают новую цель: *обретение духовной силы разума для управления мыслеформами.*

Почему для этого необходим развитый разум? Совершенный разум сам должен перейти к этой новой духовной цели: *к поиску посредством новой духовной силы Истины (Бога).* Если он несовершенен, то он этого сделать не сможет. У него не хватит для этого обычной силы разума. Развитый разум уже имеет необходимую величину начальной разумной силы, которая позволит ему переключиться на новую цель. Он – это опора для нового духовного разума и его силы, который уже сам начинает управлять Природой и своим совершенством. Если фундамент строящегося дома будет слабым, то дом может разрушится. Точно так же и здесь: если ментальный разум будет несовершенным, то новый духовный разум может его разрушить, что приведёт к гибели человека.

Будущая величина духовной силы зависит от развитости внутреннего разума [11] и его внутреннего тонкого тела, от чистоты и развитости внешнего разума и его физического тела. Чем более развит внутренний разум, тем более он может получить силы и наоборот. Чем более точно

---

[16] Мы назовём этого нового человека цикла Сатья-Юги, чтобы не путать его с обычным ментальным человеком, <u>одухотворённым Человеком</u>, с заглавной буквы.

соответствуют структуры внешнего разума и физического тела структурам одухотворённого Человека, тем более человек может принять духовной силы.

Таблица 8

Название цикла	Тип разума	Тип цивилизации	Тип процесса
Сатья-Юга	Клеточный	Минералы	Духовный
Трета-Юга	Физический	Растения, формы	Материальный
Двапара-Юга	Витальный	Животные, сила	Духовный
Кали-Юга	Ментальный	Человек, форма мыслей	Материальный
Новый Сатья-Юга	Верховный (духовный)	Одухотворённый Человек, духовная сила	Духовный
Переходной период	Супраментальный	Сверхразумный Человек, единение	Единение

Мы описали типы внутренних процессов эволюции в циклах до переходного периода. Они все объединены в таблице 8. В ней наглядно видно чередование типов процессов эволюции в зависимости от циклов. *В материальных циклах развивается форма, в духовных циклах – сила этих форм*. Мы получили ещё одну закономерность эволюции. Теперь нам осталось только понять, что собою представляет переходной период в конце нового цикла Сатья-Юга?

Мутация, преобразование или трансформация?

Новый переходной период, указанный в таблице 8, принадлежит уже двум циклам одновременно: новому духовному циклу Сатья-Юга и нарождающемуся новому циклу Сверхразума, о котором мы мало что знаем. Прежде чем перейти к его описанию, нам нужно определиться с теми процессами, которые будут там происходить.

Тут же возникает вопрос, а как будет изменяться Материя? Ранее, мы уже задавали себе этот вопрос о том, а что же нас ждёт со структурами Материи в переходном периоде: мутация материальной формы, её преобразование или полная трансформация?

Давайте с ними определимся. Итак, *мутация* – это частное структурное изменение физической формы и разума в небольших пределах для достижения какого-то её нового частного свойства, естественно, без изменения свойств основной материи цикла. *Преобразование* – это более глобальное изменение структуры материи физической формы и разума и даже её обращение, но, так же, в пределах основной структуры материи цикла. При помощи её достигается частичное обращение структуры материи формы на ту, которая более совершенна. Это делается с целью получения совершенной структуры физической формы и разума, с целью их перехода на более высокий уровень эволюции, но в пределах цикла и без изменения структуры его основной материи. *Трансформация* – это полная замена структуры материи физической формы и разума и основной структуры Материи с переходом на более высокий цикл эволюции, например, замена жидкостной материи на органическую, с цикла животных к циклу человека.

Теперь давайте разберёмся, когда какое действие из них используется в эволюции? Начало любого цикла – это создание новых материальных структур и форм из них. Они пока оказываются несовершенными, ибо только начинают процесс материализации, и требуют дальнейшего совершенства. Дальнейшее совершенство проводится уже путём мутации структур материальной формы и разума.

Между циклами возникает понятие трансформации структур материи под новую основную структуру материи нового цикла. Это уже явно процесс трансформации. Она так же должна произойти в переходном периоде, при переходе к циклу Сверхразума.

Преобразование структур мы имеем только между циклами Кали-Юга и новым циклом Сатья-Юга. Здесь тип основной материи этих циклов будет одним и тем же (органические структуры), но она, через преобразование структур материальных форм и разума, станет совершенной и полностью тождественной структурам одухотворённого Человека.

Теперь давайте вернёмся в нашу реальность. Конечно, небольшие изменения нашей животной формы нас уже не устраивают. Мутация нам здесь явно не подходит. Тем более, что нам уже видно, что современная структура материальной формы и разума достигла своих пределов. Нам сегодня уже нужно более полное преобразование формы в её некое новое качество, которое преодолеет её животную основу.

Мы в конце цикла Кали-Юга или даже в новом цикле Сатья-Юга должны будем получить свою новую материальную форму одухотворённого Человека. Её материальная структура в будущем должна сильно измениться и принципы животного существования должны уйти в прошлое. На это место в нашу жизнь должны прийти совершенно другие принципы, связанные с новой энергетикой Света, а не поедания себе подобных, что явно не должен делать одухотворённый Человек.

Для этой цели в райском саду ещё растёт *«дерево жизни»*. Если *«дерево познания добра и зла»* связано с обычным человеком, то *«дерево жизни»* – с одухотворённым Человеком.

Пора Змею-искусителю снова звать Еву!

Но даже этот новый Человек в полной мере уже не может устроить нашу эволюцию. Она тянет нас куда-то глубже и дальше: *к полной трансформации материальной формы одухотворённого Человека (a^4) в новую структуру supраментального Человека (a^5)*, который будет стоять на две ступени выше уровня разума обычного человека (a^3). Это подобно тому, как существует современная разница в разумах между растением и человеком.

Мы ещё не стали одухотворённым Человеком, а перед нами уже маячит совершенно новое божественное существо супраментальный Человек, который перейдёт за Небеса и поднимется выше их. А там, за Небесами, мы точно ещё не были, да и сами Небеса нами ещё не достигнуты, если только отдельными личностями, но не всей цивилизацией. Они ещё даже не материализовались нами.

Итак, оставим пока без внимания все остальные процессы будущего преобразования человека и остановимся на ближайшем нашем действии: на преобразование материальной формы человека через развитие его духовного разума и силы. Он уже начался в нашем мире, но пока проходит ещё очень тихо и незаметно. Какова же «механика» этого процесса преобразования Материи в её новые структуры? Каким образом он будет проходить в нашем теле и, тождественно ему, на всей нашей планете?

Сегодня пик эволюции нашего разума достиг того уровня, который позволяет нам осуществить такой переход к духовному разуму (к Верховному разуму Небес[17]), который на порядок выше обычного разума. Сегодня высший уровень обычного разума и низший уровень Верховного разума уже пересекаются между собой. Благодаря этому, возникает такая возможность преобразования обычного разума в Верховный разум. Они уже имеют совместные области разума, в которых у них есть единение. Если бы его не было, то нам тогда никак не удалось бы перейти к Верховному разуму. Здесь возникает новое предположение: между обычным разумом и Верховным

---

[17] Далее духовный разум мы заменим на Верховный разум, который уже описан в духовных источниках [11].

разумом действительно существует некоторое единение[18]. Они более связаны через нашу духовность и только через неё и посредством неё возможен такой переход от одного к другому!

Ранее между ними была пропасть, которую нам приходилось преодолевать с большим трудом. Поэтому в нашем мире не так много Преподобных и Святых, а то мы бы все уже были ими. К этому мы и должны будем прийти! Для того чтобы этот процесс преобразования начался, нам достаточно достичь высшего уровня обычного разума, который позволяет нам запустить «механизм» получения духовного разума и далее развить его до полного обретения Верховного разума (Бога Небес).

Мы ранее уже говорили о том, каким путём можно изменить свою жизнь и сделать её светлой и чистой. Для этой цели обычный материальный разум нам не очень-то подходит. Он может только познать добро и зло, но не может их преобразовать. Он не может преобразовать нашу жизнь. Человек-ума не в состоянии своим умом изменить ту жизнь, которая создана его же умом и которую он имеет, но он может её значительно улучшить, перестав, хотя бы, плодить зло. В обычном человеке запущен только «механизм познания добра и зла», и не более того. Его ещё можно назвать «*механизмом мутаций*», которые позволяют приблизиться к полному пониманию истинной сущности мыслеформ. Это есть реальные возможности цикла Кали-Юга.

Новый цикл Сатья-Юга уже имеет в себе «*механизм преобразования*». Обычный человек, обратившись к развитию в себе духовного разума обретает такой разумный «механизм». Он требует для себя намного большей силы, чем сила обычного разума. Верховный разум (Бог) даёт нам такую

---

[18] Мы не можем отрицать в себе наличие духовности, что говорит о её присутствие в нашем обычном разуме.

силу для преобразования материальной формы и разума в их одухотворённое качество, тождественное структурам одухотворённого Человека. Это есть наша ближайшая цель эволюции, её первый этап. Только через Бога и с Его помощью это можно осуществить.

Без согласия бабочки гусеница никогда ей не станет!

Теперь мы вплотную подошли к переходному периоду. Ранее, наша эволюция бы остановилась на Небесах, которые бы нам дали новый человеческий Рай. О Сверхразуме, до середины двадцатого века, речи ранее не шло, потому что между ним и нами была огромная пропасть, перейти которую духовные искатели не могли. О нём мало что знали, если только интуитивно.

В прошлом двадцатом веке произошло события равное, наверное, по своему значению распятию Иисуса Христа. Произошло точечное единение нашего обычного мира с миром Сверхразума через Верховный разум. Почему мы так настаиваем на обретении Верховного разума в отдельном цикле эволюции. Без него мы не сможем перейти на уровень Сверхразума, ибо только он с ним соприкасается, а не обычный разум.

Сверхразум уже имеет в себе «*механизм трансформации*». Для его работы нужна ещё большая сила, чем духовная сила Верховного разума. Такой «механизм трансформации» есть внутри каждого человека, но он заработает только тогда, когда мы его подключим к большей энергетике разума. Например, на бензине мы не взлетим в Космос, для этого нужно ракетное топливо и ракетный двигатель. Точно так же и здесь, чтобы перейти на больший уровень разума необходима соответствующая этому сила.

Сверхразум трансформирует одухотворённого Человека в супраментального Человека с полной сменой основной структуры материи. Этот супраментальный процесс может идти параллельно и даже одновременно с процессом получения Верховного разума. Сегодня обычный человек может довольно легко перейти к духовному разуму и даже обрести супраментальный разум. Дело в том, что к этим процессам уже подключен Сверхразум, который может всё! Количество Святых на планете скоро будет расти усиленными темпами и ими станут те, кто готов и имеет развитый материальный разум!

Мы понимаем, что даже ближайшая задача по достижению разума Небес, поставленная человеку эволюцией, – фантастическая, если не сказать грандиознейшая.

Как стать супраментальным Человеком?

Нам всё же удалось заглянуть в будущее и понять, как будет проходить ближайшая эволюция цивилизации. Теперь мы вплотную подошли к совершенно новому для нас переходному периоду между циклом Сатья-Юга и циклом Сверхразума. Окончанием цикла Сатья-Юга будет таким, как описано в Библии в виде Конца Света. Мир будет поделён на тех, кто готов и соответствует «добру» (*агнцы*), и тех, кто не готов и соответствует «злу» (*козлы*).

Такое противостояние, в конце цикла, обязательно будет существовать. Дело в том, что сила Верховного разума, даже во всём своём величии, не может их объединить и не может трансформировать тёмные структуры материи в светлые. Этот разум может их только полностью «познать» и «развести» между собою, но не более того. Так, вроде бы, должен будет закончиться этот последний для разума цикл Сатья-Юга.

Только это будет не совсем так, потому что к этому времени на планете уже появится Сверхразум, сила которого уже может объединять и полностью трансформировать Материю. Она ещё будет слабой и только нарождающейся, но она уже будет существовать на планете и действовать даже на

Глава 9. Последние штрихи «картины-версии»

своих малых уровнях. Давайте для более подробного исследования переходного периода выделим его из рисунка 14 и покажем отдельно на рисунке 15.

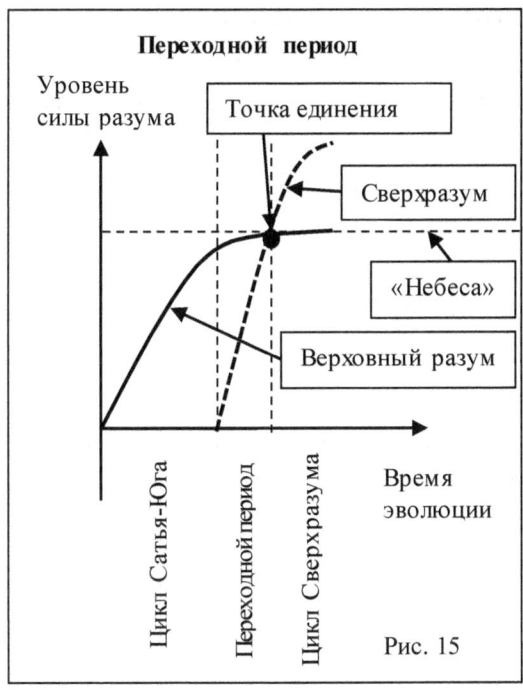

Рис. 15

Как мы видим на рисунке 15, в цикле Сатья-Юга (период 0-1) эволюционирует в Материи через внутренний разум человека только Верховный разум. Между циклами возникает переходной процесс, когда оба разума, Верховный разум и Сверхразум пересекаются между собою. «Точка единения» является начальной точкой переходного периода. Она представляет собой начало возникновения и дальнейшего развития Сверхразума.

Здесь мы можем ошибаться, потому что Сверхразум можст уже начать действовать даже в конце цикла Кали-Юги, не дожидаясь окончания цикла Сатья-Юга. Он совершенно не зависит от того фотона Света, который развёртывает сегодня наш обычный мир. Супраментальный фотон Света отделён от него и не связан с ним. Поэтому Сверхразум может скрыто работать с нами уже сегодня. Но мы для упрощения исследования представим всё так, как изображено на рисунке 15.

Итак, в начале переходного периода Верховный разум достигает своим максимальных значений. Сверхразум появляется и растёт с своего минимального значения. Он пока, по своему уровню и силе, будет меньше силы Верховного разума. Естественно, что миром будет пока управлять Верховный разум, как более сильный.

Скрыто за ним уже будет расти объединяющая сила Сверхразума, которая начнёт уже объединять «добро» и «зло», оставшееся после трансформации. Трансформироваться будет не только «зло», но и «добро». Они перейдёт в некое третье единое состояние Материи, которого мы пока не знаем.

Когда силы Верховного разума и Сверхразума сравняются, то произойдёт, как бы, их единение и тогда Сверхразум возьмёт бразды правления миром на себя. Далее начинается цикл Сверхразума, а Верховный разум, как и все остальные разумы человека, будет им вобраны в себя и подчинены им. Только тогда мы получаем супраментального человека, обладающего Сверхразумом. Это будет началом «Нового Света», который наступит после окончания «Конца Света».

Если нам ещё своим разумом всё же удалось логически вычислить процесс преобразования Материи Верховным разумом, то процесс её трансформации Сверхразумом нам уже постичь намного сложнее. Этот тип разума по своему уровню стоит уже на два порядка выше уровня обычного разума человека. Это как растению сегодня описывать эволюцию человека со своих позиций. Но мы всё же сделаем такую попытку и попробуем его описать. Нам важно отыскать и понять хотя бы те основные моменты его будущей деятельности, которые приведут нашу цивилизацию на новый уровень эволюции.

Предыдущий процесс преобразования Верховным разумом, который мы описали, имеется в духовных источниках в очень туманном и скрытом виде. Даже Библия указывает нам на наше будущее, ограниченное Концом Света,

Глава 9. Последние штрихи «картины-версии»

но и то, только говоря притчами об очищении и не допущении грехов человеком в течение своей жизни.

Все имеющиеся духовные источники не имеют даже капли подобного описания работы сил Сверхразума [1]. Там вообще почти нет никаких намёков на его существование. Даже Библия ничего нам не говорит о необратимом процессе трансформации нашего двойственного разума в Сверхразум, который бы все грехи устранил полностью и сделал бы их в будущем невозможными.

Единственный источник как-то говорящий о трансформации Сверхразумом – это древние индийские духовные учения Вед, Упанишад и т.п., но и они это описание сделали символическим, не дающим точных сведений в описании подобного процесса и его практики. Их символы только косвенно подтверждают его, говоря *«об освобождении Света в материальном теле»*. Это и есть символическое подобие процесса трансформации Тьмы в Свет, Зла в Добро. Можно многое говорить об этих символах, но нам легче переосмыслить этот процесс заново.

Единственным источником таких серьёзных знаний и открытий о Сверхразуме оказался для нас очень близким к нашему времени (двадцатое столетие) – это работы индийского мыслителя, провидца, мудреца, аватара, йога Шри Ауробиндо [1]. Он не только почти полностью описал это в своих работах, но и сам пытался провести подобную супраментальную трансформацию в своём теле[19]!

Но даже он не стал описывать нам процесс трансформации Сверхразумом, потому что для обычного разума это просто непостижимо. Только когда мы станем сверхразумными людьми и будем в полном объёме обладать этими знаниями, то только тогда нам этот процесс станет

---

[19] Он оставил своё тело в 1950 году [1].

доступным. Конечно, нам бы можно и не торопится описывать и понимать будущую трансформацию мира, но мы уже настолько близко подошли к таким знаниям, что остановиться уже не можем.

Совершенно неожиданно для нас древние Упанишады [14] подсказали нам одну идею. Она заключается в том, что в нашей эволюции, действительно, наступает новый духовный «день». Давайте это разберём более подробно. Ранее мы утверждали, что погружение кванта Света в Материю осуществляется в соответствие с рисунком 5а. Здесь у нас всё получилось и сошлось и вроде бы более с него взять нечего. Но это не совсем так.

Дело в том, что этот квант Света при своём погружении остаётся в Материи, но на его место приходит новый квант Света, который является полностью зеркальным исходному

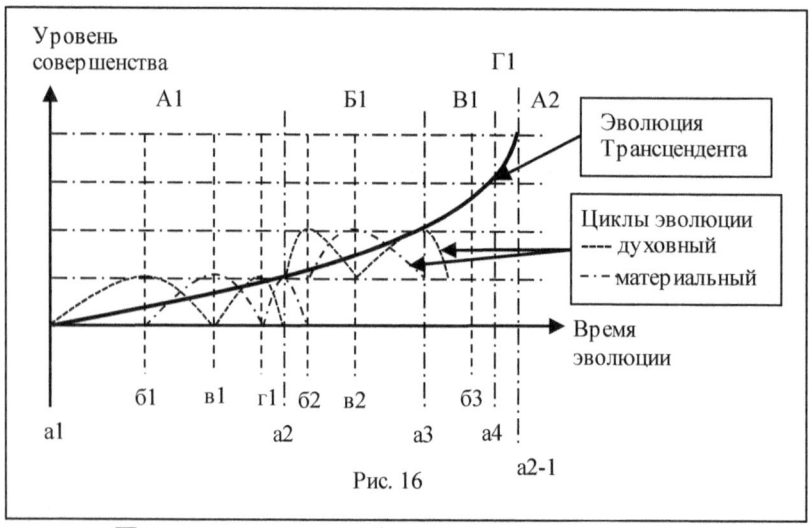
Рис. 16

кванту. Поэтому он, как бы, «выгружается» из Материи, высвобождая её Силу. Если ранее Сила кванта Света «погружалась» в Материю, то зеркальный квант Света её, как бы, «выгружает», но при этом наполняя материальные формы этой внешней, раз она «выгружена», Силой. Давайте это попробуем изобразить на рисунке 16. Он получился у нас довольно сложным, но нам придётся с ним разобраться.

Итак, на этом рисунке 16 нарисован полный квант Света (А1-А2). У нас получилось внутри него десять периодов (а1–а2-1) и четыре фазы (А1, Б1, В1, Г1). Фаза А2 уже имеет отношение к новому кванту Света, и мы её рассматривать не будем. Внутри фазы А1 *большего* кванта Света, как и в других фазах, располагается малый квант Света со своими четырьмя фазами (а1-г1). Эта фаза А1, как раз, и изображена на рисунке 5а. Мы показали его здесь условно внутри этой фазы. Фаза А1 нами уже хорошо описана, как 10 периодов нашей эволюции. Фаза г1-а2 – это фаза современной ментальной эволюции человека, которая уже заканчивается.

Фаза Б1 обозначает нам новый её сверхразумный этап – это цикл Сверхразума. Шри Ауробиндо, как раз, говорит в своих работах о его будущих трёх циклах, что мы здесь и получили. Эта фаза Б1 кванта Света нас более всего интересует. Если «старый» квант Света а1-г1 имеет четыре цикла и десять периодов, то «новый» квант Света а2-в2 имеет всего три цикла и шесть периодов, расположенных зеркально фазе А1. Если в фазе А1 мы своим разумом всё разделяем, то в фазе Б1 всё, зеркально, через Сверхразум будем объединять.

На этом рисунке 16 мы подтверждаем ещё раз реальность Сверхразума, который опирается на нашу материальную эволюцию. Если фаза А1 является материальной, фазой разумной «ночи» (материальность), то фаза Б1 является духовной, фазой сверхразумного «дня» (духовность). Поэтому переход нашей будущей эволюции к духовности, точно так же, реален.

Конечно, мы точно не знаем, будут ли существовать следующие два глобальных периода эволюции (В1, Г1), которые стоят за Сверхразумом и которым ещё нет названия? Это уже слишком далёкая перспектива, которая, кстати, вполне может быть нашей будущей реальностью. Этот рисунок16 показывает нам практически бесконечное эволюционное совершенство, ведь и фазы А1-Г1 могут быть новой фазой, например, АI ещё большего кванта Света и так до бесконечности.

Трансформация Материи Сверхразумом, в соответствие с рисунком 16, закончится для нас в конце фазы Б1, где к материи разумной формы мы добавим духовную и супраментальную силы и соединим их между собой. Это произойдёт при полном и глубоком очищении материальной формы, жизни и разума от темных структур материи, что заставит её саму светиться. Это и есть освобождение Света в Материи.

Только тогда наше тело и разум станут совершенными. Их структура станет соответствовать божественному эталону супраментального Человека. Сверхразум позволит нам вернуть упущенные нами ранее скрытые возможности. Тогда все наши материальные «механические щупальца» полностью утратят свои ценности. Телепатия, телекинез, телепортация, и другие теле … станут для нас обычным делом. Мы получим полные Знания и посредством их обретём Истину и Силу Сверхразума для её воплощения в Материи. Одним своим воображением сверхразумный человек сможет в будущем создавать любые материальные структуры. Духовность мира Сверхразума будет очень высокой – это полное единение каждого сверхразумного человека и даже всего мира Сверхразума с Источником Света – Всевышним.

Это краткое предположительное описание того сверхразумного мира супраментального Человека, который принесёт нам Сверхразум. Конечно, предыдущий мир Верховного разума намного меньше по своему пространству мира Сверхразума. Если первый отдаст в наше владение всю солнечную систему(?), то второй, вероятно, – всю вселенную, которая станет для нас домом. В сверхматериальной сверхразумной форме мы сможем перемещаться по всей вселенной. Она будет более гибкой и подвижной в плане видоизменения. Никакие космические корабли нам в этом мире не понадобятся. Мы сможем своим воображением практически мгновенно перемещаться в любую точку вселенной. Кроме этого, мы сами будем создавать свои миры вокруг себя, свои вселенные. Мы даже, возможно, сможем иметь свою личную маленькую планету, какая была у маленького принца, из одноимённой сказки, со своим собственным миром.

Хочется остановиться ещё на одной характеристике Сверхразума. Она связана со Временем и Пространством. Дело в том, что они имеют место только при двойственном разуме, который их разделяет на две разные плоскости. В Сверхразуме такого разделения нет. Он «стоит» над ними и, значит, способен их объединить. Но это не всё. Пространство имеет отношение к нашему прошлому, а Время – к будущему: если в Сверхразуме такого разделения нет, то в нём не будет ни прошлого, ни будущего.

Сверхразум всё разделённое нашим разумом и даже Верховным разумом объединит в единое целое. Он наше очищенное прошлое соединит с таким же чистым будущим и замкнёт круг времени эволюции, переведя её в параллельный цикл. Для этой цели он наше внешнее сознание соединит с внутренним сознанием. Когда Сверхразум их соединит, то мы получим сверхразумное состояние сознания, который как раз замкнёт наше индивидуальные Время и Пространство, соединив их в некое «третье» состояние Материи – вечное Настоящее. Новое супраментальное существо будет одновременно находится в прошлом через внешнее сознание и в будущем через внутреннее сознание, а вся его жизнь станет одним всегда новым Настоящим. Нам осталось только выполнить эту работу, но для этого необходимо к себе подключить Сверхразум.

Многие из нас скажут о том, что это бредовые идеи, потому что обычным умом невозможно понять принцип работы Сверхразума. Наш разум – это порождение Пространства и Времени и их двойственности. Сверхразум стоит выше Времени и над Временем, выше Пространства и над Пространством и может повелевать как Временем, так и Пространством, потому что, он имеет полные Знания обо всём и знает Истину, которую мы пока не знаем!

Но не думайте, что это наступит очень быстро и, скорее всего, развитие супраментального существа будет проходить в три этапа, которые мы описывать сейчас не будем, но время эволюции для этих существ будет уже совсем другим: его просто не будет. У них всё будет другое и по-другому. Та трансформация, о которой мы всё время говорим, обязательно случиться, но будет проходить постепенно, и, конечно, в состоянии транса, но не уходя от жизни. Это, можно сказать, высшее духовное достижение будет нормой жизни для этих существ.

Нам лучше не пытаться описывать их возможности, потому что они даже для нашего самого лучшего воображения недоступны. Это всё равно, что муравью описать возможности человека или нам понять и описать способности Всевышнего.

Божественные «мелодии» эволюции

Наше описание эволюции позволило нам понять последовательность развёртывания материальных миров и существ, наполняющих их. Переходные периоды осуществляли смену *структур основной материи*, как мы это описали ранее. Каким же образом осуществлялись подобные преобразования или трансформации форм и миров в переходные периоды между циклами?

В первые три цикла, которые ещё были связаны с Истиной, такой переходной период легко преобразовывал материальные формы под новые структуры материи. Дело в том, что даже небольшая открытость Истине легко позволяет это осуществить. В цикле Кали-Юга Истина оказалась полностью закрытой, что вынудило Бога «отдыхать» и «молиться» за нас. В этом случае, никакого преобразования и трансформации невозможно. В этом цикле осуществляются только мутации.

Для того, чтобы перейти на уровень более высокого разума, нам необходимо снова открыться Истине. Переходной период между циклом Кали-Юга и новым циклом Сатья-Юга ничего в материальных формах не меняет, ибо поменять в них, из-за отсутствия духовности и открытости Истине, ничего нельзя. Поэтому в новый цикл Сатья-Юга мы перейдём незаметно, без резких изменений.

Место Истины в цикле Кали-Юга занимает «голый» материализм, который занимается только совершенствованием материальных форм и поиском материальных знаний и жизни. Когда материальные формы подойдут к своему совершенству, а материальные знания станут максимальными для этого цикла, то наступит переходной период, который плавно или резко, мы точно об этом не знаем, переведёт цивилизацию *от старой материальности к новой духовности*. Она постепенно и плавно будет прорастать на базе материализма, как бы готовя цивилизацию к новому переходу.

С приходом духовности у нас появиться возможность пока только к преобразованию, ибо она имеет возможность только к нему. Духовный цикл Сатья-Юга приведёт нас к смене структур материальных форм без смены основной структуры материи и начнётся новый переходной период к Сверхразуму, который мы уже описали.

О чём говорит нам подобное описание процессов перехода?

Оказывается, наша духовность — это не просто «верю – не верю», а нечто гораздо более серьёзнее – это _новая составляющая сила_ в нашей эволюции. Только когда наша материальность не закрывала Истину и духовность имела место в жизни и разуме, только тогда происходила смена миров и структур материальных форм, т.е. проходил процесс их преобразования. В отсутствие духовности – это невозможно.

Мы открыли серьёзное правило по преобразованию материального мира: обязательное присутствие духовной силы в мире. Его мы даже можем назвать духовным законом эволюции! Наша духовность является главным, «божественным дирижёром» эволюции планеты, который позволяет новым «произведениям» Света «звучать» в «оркестре» Материи и низводить новые структуры миров и материальных форм в неё.

Вывод очень прост: в Библии говориться о том, что на «седьмой день» Бог отдыхал, слушая ту «музыку», которая уже звучала в Материи, потому что она имеет память. Она будет воспроизводить её снова и снова, пока «божественный дирижёр» не поменяет репертуар.

В переходной период духовность позволяет открыться Свету и записать в Материи новую «мелодию», которую «материальный оркестр» начинает сразу же разучивать, повторяя её, также, снова и снова. Этот «оркестр» будет её повторять до тех пор, пока не сделает эту «мелодию» совершенной, пока не уберёт из неё все «диссонансы и ложные звуки», пока не исчезнет вся фальшь звучания. Когда эта «мелодия» зазвучит идеально без фальши, то «материальный оркестр» замолкает и начинает прислушиваться к новой божественной, более сложной «мелодии». Снова «оркестранты» сначала разучивают свои индивидуальные партии, мешая друг другу; затем они объединяются в группы и разучивают её в этих группах, так же продолжая мешать друг другу; и только после этого начинает репетировать весь «оркестр» и, в конце концов, эта «мелодия» снова обретает божественное звучание. «Оркестр обрёл больше инструментов и научился играть новую, более сложную мелодию». Он может далее приступать к ещё более сложному исполнению, при этом происходит даже смена инструментария оркестра на более совершенные инструменты. Это символическое описание процессов наших изменений в эволюции человека.

Конечно, Материя сравнивает свою «мелодию» с «мелодией» Света и совершенствует своё исполнение до тех пор, пока «мелодия» в её исполнении не зазвучит в унисон с «божественной мелодией». Все мы к какой-то мере «музыканты» этого «божественного оркестра» и от нашей способности «исполнять свою мелодию» зависит его звучание.

В том библейском Конце Света все «музыканты», которые будут фальшивить, исчезнут из «оркестра» Материи. Исполнение «мелодии» после такого отбора, когда вся фальшь полностью исчезнет, станет идеальным и мы получим ещё более сложную оркестровую партию от нашего «продюсера» – Бога, с ещё более сложными инструментами Сверхразума.

Эту смены состояний в наших умах можно символически сравнить с солнечным светом и дождём: если всё время светит Солнце, то поверхность планеты будет выжжена его светом, и ничего на ней не будет расти; если точно так же постоянно льёт дождь, то и в этом случае эта поверхность превратиться в болото и там так же ничего не будет расти; для того чтобы получить хороший урожай, необходимы и солнечный луч, и дождь чтобы они чередовались между собою; и только тогда мы вырастим и получим прекрасные всходы и плоды.

Точно так же для того, чтобы наша Материя быстрее эволюционировала необходимо такое же чередование духовности и материальности между собою. Только в этом случае мы получим хороший «*урожай*» материальных форм и их разумов.

Давайте теперь это символическое понимание процесса смены материальных миров и форм переложим на нашу жизнь.

Смена материальных миров и форм

Наше будущее, как оказалось, очень сильно зависит от уровня духовности в нашем разуме и в нашем мире. Только нам ещё не совсем понятно то, каким образом наша духовность позволяет божественному Свету влиять на процессы в Материи и менять её миры и формы? Причём тут вообще понятие духовности, которая к нашей материальной эволюции не должна бы иметь никакого значения? Только получается, что без неё невозможен переход на другой её уровень!

Нам уже удалось найти тот механизм, который связывает нашу духовность с материальной формой через её разум. Когда духовность поднимается до своего максимального значения, то она является светом для нашего разума, а он раскрывается перед ней как цветок под лучами Солнца. Разум, как бы, отступает под натиском духовности, позволяя ей напрямую работать с материей формы, позволяет проникнуть внутрь нашего существа, до тех пор закрытого для Света нашим обычным материальным разумом. Духовность не может напрямую преобразовывать материальное тело. Она может это сделать только через «*Механизм Совершенствования*», о котором мы говорили ранее, используя материальный разум.

Чтобы изменить структуру материального тела, для этого надо на пике подъёма духовности, когда старый разум

Глава 9. Последние штрихи «картины-версии»

умолкает, сначала создать, а затем проявить новую структуру материи нового уровня разума. Именно для этой цели существует переходной период. В этом периоде старая структура разума постепенно заменяется новой, более сложной структурой или создаётся некий внутренний механизм её последовательного, постепенного развёртывания в процессе эволюции в новом цикле. Эта вновь создаваемая структура разума появляется или через преобразование материальной формы, как при Верховном разуме, или через трансформацию старой формы в новую форму со сменой агрегатного состояния материи планеты и формы, как при Сверхразуме.

Давайте предположим тот момент, когда наш старый материальный разум, уже понимая то, что существует Верховный разум, который может дать ему новый уровень жизни, отступает на задний план и замолкает. Это даёт нам возможность выйти вперёд к нашей духовности, которую мы в себе должны будем развить, а нашему существу, через неё, обрести новый разум. Чем выше будет сила духовности, тем быстрее она будет работать по преобразованию и совершенствованию материальных форм.

Когда наш разум полностью отключается и замолкает, а это как раз то, что позволяет нам научиться входить в состояние медитации и транса, то мы обретаем Истину Света и её Силу. Если Душа закрыта тёмной структурой разума, то наш разум не способен в этом случае подключиться через свою духовность к Истине и процесс эволюции такого существа сильно замедляется. В этом случае говорить о духовности человека очень рано, т.к. его Душа закрыта материальными структурами разума, которые к тому же совсем не пропускают Истину. Это значит, что такой человек имеет только некоторую искажённую материальность, вместо истинной духовности, а значит, его дальнейшая эволюция замедляется до обретения им духовности.

Вы можете видеть, что в состоянии транса, которое как раз и даёт максимальная духовность при минимальном движении материального разума, например, гусеница выдерживает значительные климатические нагрузки, которые в своём обычном состоянии выдержать бы просто не смогла. Именно транс через развитую духовность позволяет существам выдержать такие значительные изменения на планете. Вымерли только те виды живых существ, которые вовремя не смогли обрести духовность в процессе своей эволюции. Конечно, мы здесь немного утрируем этот процесс, т.к. все оставшиеся виды также трансформируются в новые формы при новом климате, только их разум остаётся прежним, хотя их структуры форм становятся новыми.

...

А, как же, жуки и бабочки, появившиеся из личинок и гусениц, что, они обладают духовностью?

Но, что мы понимаем под духовностью? У нас ещё отсутствует полное знание о ней. Пока её совершенно несправедливо связывают с религиями и другими духовными традициями. Это понятие намного шире и выше всех религиозных и духовных традиций современного мира. Если вернуться к понятию духовности жука или бабочки, то лишать её их не стоит. Вероятно, здесь сама Природа совершает с ними трансформацию, а не лично жуки или бабочки. Скорее всего, так заложено в программе существования этого вида.

Разум бабочки или жука довольно низкий, а это значит, что они больше открыты Истине, чем мы. Их, знающих Истину и более открытых ей, легче трансформировать к новым условиям существования в виду слабости их материального разума и большей открытостью Свету. Нам придётся в силу своей материальной закрытости делать это самим.

Глава 9. Последние штрихи «картины-версии»

У каждого человека есть Душа, которая является частью Света и выполняет свою рабочую функцию в нашей эволюции: *Свет через неё разворачивает свои световые формы «внутри» нашего материального тела, которые затем материализуются.* Если мы берём сегодняшнего человека, то его Душа уже развернула божественную световую форму обычного ментального человека, благодаря которой мы сегодня совершенствуемся: она для нас является эталоном.

При наступлении нового переходного периода наша Душа, имеющая обратную связь с материальной формой, видя её готовность или не готовность к следующему этапу, развёртывает следующее эталонное существо: одухотворённого ментального человека. Если материальная форма в своём развитии достигает нижней границы нового разума, например, Сверхразума, то Душа начинает, как бы, «рождать» внутри нас новое существо Сверхразума в световой форме – это уже будет новое психическое существо [1].

В некоторых людях, которые уже готовы к переходу, оно уже растёт. Внутри нас может быть четыре состояния готовности. Мы их символически сравним с состоянием семени. Итак, состояние психического существа в человеке может быть следующим:

— *свёрнуто, как семя;*
— *набухшее семя;*
— *проросшее семя;*
— *готовое растение.*

Конечно, трансформация человека — это более сложный процесс, чем проявление из личинки жука или бабочки, но принцип её, возможно, – тот же самый. Что нас ждёт в нашем ближайшем будущем, ведь мы уже достигли пика в развитии обычного ментального разума и уже оказались на нижней границе уровня Верховного разума?

Совершенный человек уже сегодня может преобразовываться в новый одухотворённый вид Человека, а далее, по достижению нижней границы Сверхразума, – в супраментального Человека.

Этот божественный Путь для нас уже открыт!

Реальна ли трансформация человека?

Реальна ли трансформация человека в современном мире в настоящее время?

Мы постоянно утверждали, что она уже началась, но не приводили никакие доводы в защиту своего высказывания. Началась ли трансформация Земли? Можно на этот вопрос не отвечать, т.к. это видно даже невооружённым глазом. В последнее время на планете происходят такие события, которые не укладываются в рамки обычной жизни. Планета бурлит энергией, выход которой становится всё более мощным. Эта энергия распространяется на Природу, человека, общество, нации, государства, человечество и т.д. Кажется, что, за последний период, время что-то очень сильно ускорилось и всё в нашей жизни вращается с огромной скоростью для обычной эволюции.

Что происходит последнее время с человеком?

Численность нашей цивилизации растёт очень быстро, и темпы роста далее ускоряются. Человек стал разумнее. За последние сто лет его материальные знания стали намного глубже, чем за весь предшествующий период эволюции. Тело стало выносливее и наши спортивные достижения поднимаются по результатам всё выше и выше. Глубина духовных знаний так же растёт, так как очень много людей серьёзно занимается ими. Духовные лидеры, йоги стали очень популярными в народе. Многие люди работают над собой в духовном плане.

Глава 9. Последние штрихи «картины-версии»

Преобразование и трансформация человека – это звучит немного зловеще для нас: они предполагают работу над нами, над человеком и нашим телом, а кто захочет провести над собой такой опыт? Большинство из нас скажут, что им и так хорошо и менять ничего не нужно, ведь никто ещё этого не сделал, чтобы посмотреть на него в живую.

Представьте себе, что если бы, вдруг, один из нас совершил бы эту трансформацию и стал другим, отличным от всех нас и к тому же ещё обладающий хотя бы Верховным разумом, что бы мы тогда с ним сделали сегодня? Конечно, мы расчленили бы его на клетки и провели свои материальные исследования, если ранее не распяли бы его на кресте. Наш эгоизм никому не позволит вырваться из общей массы и стать другим, лучшим, чем все остальные.

Но, тем не менее, говоря о трансформации, можно с уверенностью сказать, что такой эксперимент с человеком уже проходил в 20-ом столетии и даже не с одним, а с двумя: мужчиной и женщиной [1]. Как прошёл этот эксперимент, нам остаётся только гадать, т.к. они оба оставили свои тела, говоря нашим языком – умерли[20]. Им не удалось довести начатую трансформацию до конца или, всё же, удалось?

Почему они ушли и оставили свои тела?

Всё дело в том, что для того, чтобы трансформироваться хотя бы одному человеку, надо подготовить к этому остальных, чтобы и они были где-то близки к нему по Духу. Земля оказалась пока не готовой к такой трансформации. Это были первые попытки человека, которые, всё же, прошли успешно в плане подготовки Земли к приёму Могущества Сверхразума. Если бы она была не готова, то он бы отступил, но этого не произошло. Вспомните, какими бурными событиями наполнено было 20-ое столетие.

---

[20] Сегодня их работу продолжают их подвижники в Ашраме Шри Ауробиндо в городе Ауровиле в штате Пондичери в Индии.

Не будем мы указывать на личности, которые подготавливали процесс трансформации, но все наши утверждения и предположения в этой книге основаны на их работе [1]. А из этого можно сделать вывод, что эта работа глубока и она продолжается до сих пор. Этой страной, в которой шла подготовка Земли к трансформации, была Индия, а это – восток, т.е. можно сказать, что подготавливалось наше будущее. Именно его изменяли для ускорения процесса трансформации.

Россия – страна настоящего, и можно с уверенностью сказать, что все наши процессы, происходящие в стране в конце двадцатого и начале двадцать первого столетий – это начало проявления этого подготовленного будущего в Индии. Именно здесь, возможно, мы проявим этого первого сверхчеловека. Время этого проявления указать невозможно, но это уже не тысячелетия, а всего – несколько столетий.

Только это не будет окончанием эволюции, а станет её новым началом. Но пока нам надо пережить новый переходной период между человеком и супраментальным человеком, который в Библии описан Концом Света.

Конечно то, что мы здесь описали, подлежит ещё более полному осмыслению. Возникшие духовные понятия Сознания и Разума, бессознательной Материи и божественного Света настолько глубокие, что с ними можно работать бесконечно долго. Сам процесс трансформации человека, его модель, так же ещё подлежит исследованию.

Нам удалось представить самих себя, как обычного человека, с другого ракурса, имеющего духовные качества. Этот путь в светлое будущее, который только-только для нас открывается, нам ещё предстоит пройти. Мы пока находимся в самом его начале. Новый вид уже стоит у нашего порога и «стучится в наши двери». Он уже вот-вот случится!

Выбирать нам придётся самим: верить или не верить, «быть или не быть», но эволюцию нам никак не остановить!

Литература:

1. «Шри Ауробиндо или путешествие сознания», Сатпрем, 1993г., издание 2е, исправленное и дополненное;
2. «Мать. Собрание сочинений, т. 4. Вопросы и ответы», редактор А. Л. Климов, 1997г.;
3. «Мать. Мутация смерти, т. 3» Сатпрем, 1997г.;
4. «В поисках души нетленной», фрагменты из работ, Шри Ауробиндо, Мать, 1997г.;
5. «От кого мы произошли», Э. Мулдашев;
6. «Энциклопедический словарь юного физика», сост. В. А. Чуянов, 1984г.;
7. Перевод осуществлён с 4-го издания книги "Transformation", изданной Обществом Шри Ауробиндо в Пондичери. Материал собран Виджей (Vijey) из записей Шри Ауробиндо и Матери.
8. «Час Бога. Йога и её цели. Мать. Мысли и озарения». Шри Ауробиндо. 1991г.;
9. «Единая теория мироздания. Книга 1.», автор Геннадий Кривецков, 2014г., www.kriveckov.com;
10. «Единая теория мироздания. Книга 2.», автор Геннадий Кривецков, 2014г., www.kriveckov.com;
11. «Механизмы разума. Книга 1. К супраментальному человеку», автор Геннадий Кривецков, 2014г, www.kriveckov.com;
12. «Энциклопедический словарь юного химика», составили В.А. Крицман, В.В. Станцо, 1982 г.;
13. «Истина эволюции …измов», автор Геннадий Кривецков, 2014 г., www.kriveckov.com;
14. «Иша Упанишада», автор Шри Ауробиндо, 2004г.

www.ingramcontent.com/pod-product-compliance
Lightning Source LLC
Chambersburg PA
CBHW071411180526
45170CB00001B/69